四氢异喹啉生物碱的手性合成及应用

姬悦 著

化学工业出版社

·北京·

内 容 简 介

本书主要介绍了手性四氢异喹啉生物碱的化学合成策略、生物合成策略及其在药物化学中的应用。在化学合成策略中,重点阐述了不对称催化合成手性四氢异喹啉的方法,包括不对称环化、不对称氢化、不对称亲核加成及不对称交叉脱氢偶联反应等。在生物合成策略中,阐述了生物体内四氢异喹啉化合物的生成机制及酶催化手性四氢异喹啉化合物的合成研究。根据目前手性四氢异喹啉化合物的化学合成策略、生物合成策略及市场需求,针对所存在问题,提出手性四氢异喹啉生物碱合成策略的改进方法和发展前景。根据手性四氢异喹啉生物碱在生命体内的作用机制,详细介绍了在药物化学中的应用及发展前景。

本书可作为化学、药物化学、生命科学等相关专业科研人员的参考用书。

图书在版编目(CIP)数据

四氢异喹啉生物碱的手性合成及应用/姬悦著. —
北京:化学工业出版社,2021.8(2022.4重印)
ISBN 978-7-122-39432-3

Ⅰ.①四… Ⅱ.①姬… Ⅲ.①四氢化异喹啉生物碱-
研究 Ⅳ.①Q946.88

中国版本图书馆 CIP 数据核字(2021)第 128976 号

责任编辑:李 琰 宋林青　　　　　　装帧设计:韩 飞
责任校对:张雨彤

出版发行:化学工业出版社(北京市东城区青年湖南街 13 号 邮政编码 100011)
印　装:北京捷迅佳彩印刷有限公司
787mm×1092mm　1/16　印张 10　字数 231 千字　2022 年 4 月北京第 1 版第 2 次印刷

购书咨询:010-64518888　　　　　　售后服务:010-64518899
网　址:http://www.cip.com.cn
凡购买本书,如有缺损质量问题,本社销售中心负责调换。

定　价:88.00 元

前 言

　　手性是自然界普遍存在的一种现象和特征。从植物、动物、微生物的形态特征，到宏观宇宙的行星自转、微观世界的电子运动，都在展示着手性世界的魅力。生物体所表现出来的手性现象是生物呈现出来的整体特征，也是生物体内物质微观结构的体现。分子的手性是生物体内存在手性环境的根本因素，生物体内的细胞就是一个微观的手性世界。

　　据统计，目前大约 50% 的药物分子中都含有手性结构。而这些药物的手性直接关系到药物的药理作用、临床效果、毒副作用、药效发挥等。生物体内存在手性环境，手性环境决定着生物体内物质的相互作用。药物分子与体内靶分子间的相互作用，其手性匹配与药物分子的手性相关，是药效作用的重要因素之一。手性药物分子的一对对映异构体通常具有不同的生物活性，在疾病治疗过程中体现出不同的药效作用，甚至产生相反的药效作用。

　　手性四氢异喹啉生物碱广泛存在于天然产物中，主要分布于罂粟科、长春花、毛茛科、石蒜科等生物碱的根、茎、叶中。手性四氢异喹啉生物碱通常具有丰富的生物活性，包括抗肿瘤活性、抗病原微生物活性、抗炎活性、抗凝血作用、支气管扩张作用、中枢神经系统作用等。尤其是在中枢神经系统疾病的治疗中，往往表现出优异的药物活性。因此，实现四氢异喹啉生物碱的手性合成具有重要现实意义。

　　本书简要地阐述了手性四氢异喹啉的化学合成策略、生物合成策略及其在药物化学中的应用。在编写过程中，立足于科学性，为各位读者提供翔实的数据和科学依据，以达到相互参考和借鉴的目的。

　　本书共分为四章，第一章主要介绍了手性四氢异喹啉生物碱的基本概论，从化学结构到生物活性；第二章重点阐述了手性四氢异喹啉的化学合成策略，包括不对称环化、不对称氢化、不对称亲核加成及不对称交叉脱氢偶联反应等；第三章重点阐述了手性四氢异喹啉的生物合成策略，即生物酶催化手性四氢异喹啉的合成；第四章简要介绍了手性四氢异喹啉生物碱在药物化学领域的应用。

　　作者在攻读博士学位期间，有幸得到中国科学院大连化学物理研究所周永贵研究员和大连理工大学时磊教授的悉心指导，感受到手性世界的魅力。鉴于此，完成了本书的撰写。在此向两位导师表示最崇高的敬意和最真挚的感谢。

　　感谢西安石油大学优秀学术著作出版基金的资助，感谢国家自然科学基金项目

（21801204）、西安市科技计划项目〔201805038YD16CG22(4)〕、陕西省高校科协青年人才托举计划项目（20200606）的资助。

鉴于作者经验和水平有限，书中难免存在疏漏和不妥之处，敬请各位专家和读者批评指正。

姬 悦

2021 年 5 月

目 录

[1] 绪 论

1.1 生物碱简介

1.1.1 生物碱的定义

生物碱是一类含氮原子碱性的天然有机化合物,广泛存在于植物体内,是一类重要的天然产物。生物碱通常具有一定的碱性,可以和酸结合成盐。大多数生物碱是具有复杂环状结构的含氮杂环化合物。生物碱化合物普遍具有光学活性,其不同非对映异构体之间物理性质、化学性质及生物活性均有所不同;其对映异构体之间物理性质、化学性质相同,但在手性环境中往往会表现出不同的生物活性。植物体内生物碱丰富的生物活性,使其在化学、生物及医药等领域具有重要的研究价值及实用价值。

1.1.2 生物碱的分类

生物碱的类型有很多种不同的划分方式。目前,主要是根据植物来源、生源途径结合化学结构类型、化学结构类型等三种方式对生物碱进行划分的(图1-1)。

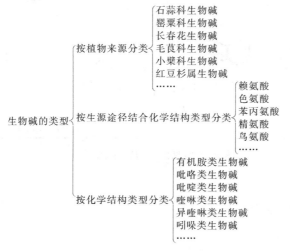

图 1-1 生物碱的分类

除了在少数动物体内发现生物碱之外，绝大多数生物碱主要分布于植物体中，如双子叶植物、单子叶植物、裸子植物等。根据植物来源的不同，可以将生物碱划分为石蒜科生物碱、罂粟科生物碱、长春花生物碱、毛茛科生物碱、小檗科生物碱、红豆杉属生物碱等。其中，罂粟科、毛茛科、小檗科等植物均属于双子叶植物，石蒜科植物属于单子叶植物，而红豆杉属植物则属于裸子植物。植物体内不同部位，生物碱的结构、含量均有所不同，但同一植物体内的生物碱往往具有相似的母核结构。

生物体内富含大量的氨基酸、蛋白质、核酸及含氮维生素等物质，这些物质是动植物体内生物碱的重要来源。生物碱在生物体内的生物合成途径大多是以氨基酸作为原料，经多步转化实现的。根据生源途径结合化学结构类型的不同，可按照生物碱的合成前体，即氨基酸种类的不同对其进行划分，如赖氨酸、鸟氨酸、苯丙氨酸、色氨酸、精氨酸等氨基酸均可作为生物碱的合成前体。其中，L-多巴是生物体内四氢异喹啉类生物碱的重要合成前体。

对于生物碱，最常见的一种分类方式则是依据其化学结构类型的不同进行划分（图1-2）。根据化学骨架结构单元的不同，生物碱主要分为有机胺类生物碱、吡咯类生物碱、吡啶类生物碱、喹啉类生物碱、异喹啉类生物碱、吲哚类生物碱等。异喹啉类生物碱，其特点就是具有异喹啉核心骨架结构。

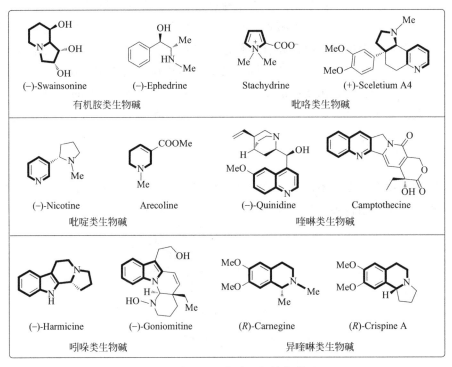

图 1-2　常见的生物碱骨架结构单元

1.2　手性与手性分子

一个物体如果与自身镜像不能重合，我们就说这个物体是具有手性的。就像我们的左右手一样，它们互为镜像关系，但始终不能重合。

1.2.1 自然界中的手性现象

手性是自然界普遍存在的一种现象和特征。在植物学中，手性是物质的一种重要的形态特征。大自然中的植物，它的叶、花、果实、根、茎总是沿着特定的方向螺旋生长成左旋或者右旋的形态。生活中常见的牵牛花、紫藤的花蔓等攀缘植物是左旋缠绕生长的，即使外力作用使其右旋缠绕，但当外力撤销后，紫藤花蔓则自动恢复左旋缠绕。不仅如此，手性现象同样普遍存在于动物和微生物中。海螺的螺纹、蜗牛的外壳、爬行的蛇总是沿着特定方向呈螺旋状生长或运动。除了螺旋生长或运动以外，一些动物在形态上也会呈现出左右的不对称性，这也是物质手性的一种表现形式。而微生物中的细菌通常是螺旋状的，呈左旋或者右旋的形态。不仅如此，从宏观宇宙的行星自转到微观世界的电子运动，同样向我们展示着手性世界的魅力。

手性的产生可以体现在生命的产生和演变过程中。生物体所表现出来的手性现象是生物呈现出来的整体特征，也是生物体内物质微观结构的体现。在生命的演化过程中，根据达尔文提出的自然选择作用，生物体逐渐表现出形态及行为上的差异。我们知道细胞是构成生命体及进行生命活动的基本单位，它是由蛋白质、核酸、糖类、脂类等有机物构成的。自然界中的糖类以及核酸、淀粉、纤维素结构中的糖单元，通常是具有右旋的手性构型。脱氧核糖核酸（Deoxyribonucleic acid，DNA）是生物细胞内四种生物大分子之一核酸的一种。DNA 作为遗传信息的载体，是一种具有右旋螺旋构象的双螺旋结构物质。这也是植物呈现手性形态特征的根本原因。蛋白质是生命的物质基础，与生命活动密切相关。由蛋白质或 RNA（Ribonucleic acid，RNA）构成的生物酶，是生物体内一种重要的生物催化剂，它可以促进生物体内细胞的代谢活动。氨基酸作为构成蛋白质的基本单位，也是组成生物大分子的基本结构单元。天然氨基酸通常具有手性构型，且一般都是左旋构型。而由氨基酸构成的蛋白质通常呈螺旋结构，其螺旋构象为右旋构型。因此，生物体内细胞就是一个微观的手性世界。而生命的产生和演变也伴随着手性环境的变化。

1.2.2 分子的手性

在立体化学中，不能与其镜像完全重合的具有一定构型或构象的分子叫做手性分子（图 1-3）。互为镜像关系的手性分子，是一对对映异构体，它们具有相同的化学结构式，但立体构型不同，因此在本质上是两个完全不同的化合物。如图 1-3 所示，具有一个手性碳原子的一对对映异构体，手性碳原子上连有四个不同的取代基，根据 R-S 标记法，分别为 R 构型异构体和 S 构型异构体。虽然对映异构体具有相同的物理性质和化学性质，但在手性环境中往往表现出不同的生物活性。手性分子中含有多个手性碳原子时，其立体异构体数目则增加。如手性分子中含有两个手性碳原子时，异构体中除了对映异构体外，还有非对映异构体。

手性分子具有光学活性，即旋光性。当平面偏振光通过手性化合物溶液时，偏振面的

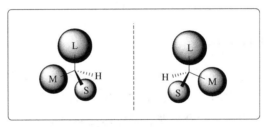

图 1-3 含有一个手性碳原子的一对对映异构体

方向则旋转一定角度。根据光旋转方向的不同，分为左旋异构体（L）和右旋异构体（D）。一个化合物为左旋构型还是右旋构型取决于化合物的比旋光度，与化合物的手性中心的立体构型无直接关系（图 1-4）。丙氨酸是组成人体蛋白质的 20 种氨基酸之一。其中，α-丙氨酸包含有一个手性碳原子，是具有一对对映异构体的手性分子。（S）-α-丙氨酸为左旋异构体，（R）-α-丙氨酸为右旋异构体。而乳酸的一对对映异构体，则是（S）-乳酸为右旋异构体，（R）-乳酸为左旋异构体。

图 1-4 对映异构体构型的标记

生物体内存在手性环境，手性环境决定着生物体内物质的相互作用。作用于生物体内的药物中，包括作用于植物体内的农药和作用于动物/人体内的药物，有很多都是具有手性结构的药物分子。药物分子与体内靶分子间相互作用，其手性匹配与药物分子的手性相关，进而影响药效作用。手性药物的一对对映异构体通常具有不同的生物活性，在疾病治疗过程中体现出不同的药效，甚至产生相反的药效作用，从而导致一些悲剧事件的发生。

20 世纪 50 年代，在欧洲、美国、日本等地发生了震惊世界的反应停悲剧事件，是现代医学史上的巨大灾难[1]。反应停，又称沙利度胺（Thalidomide），是一种用于妊娠期女性，有效阻止女性怀孕早期的呕吐症状的药物。但不幸的是，这一药物的服用，妨碍了孕妇对胎儿的血液供应，导致大量"海豹畸形婴儿"出生。随后，从 60 年代起，反应停就被严格禁止作为孕妇止吐药物的使用，仅在严格控制下被用于麻风病、皮肤病、癌症等疾病治疗。

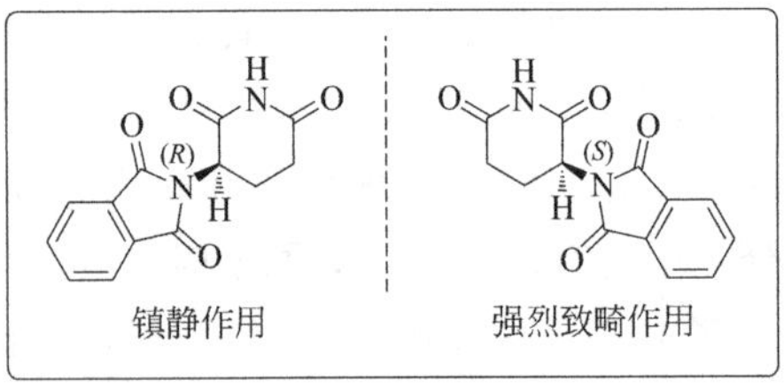

沙利度胺，是一种谷氨酸衍生物，具有一个手性碳原子，两种不同立体构型（图 1-5）。其中，（R）-沙利度胺具有镇静止痛、抗炎、免疫调节及抗肿瘤作用等。因此，可用于阻止女性怀孕早期的呕吐症状。而（S）-沙利度胺妨碍了孕妇对胎儿的血液供应，具有强烈的致畸作用。手性构型的不同，使其具有完全不同的生理活性，其

图 1-5 沙利度胺的手性构型与生理活性

至产生相反的作用效果。

反应停悲剧事件的发生，引起了化学家们对化合物手性的广泛关注。1992 年，美国食品药品监督管理局（FDA）规定[2]：所有上市的外消旋药物必须提供其两种对映异构体的生理活性及毒理研究数据。并于 1997 年，补充规定：早期上市的外消旋药物必须用其相应的手性对映异构体代替[3]。手性胺化合物在医药、农药化学领域占有极其重要地位。目前，大约 40% 的药物分子都含有手性胺结构。因此，实现化合物的手性合成具有重要研究价值和现实意义。

1.3 手性四氢异喹啉生物碱

1.3.1 异喹啉的化学结构

异喹啉（Isoquinoline，IQ）是一种具有苯并吡啶结构的含氮杂环化合物，与喹啉互为同分异构体（图 1-6）。异喹啉结构中氮原子位置与喹啉不同，其碱性（pK_a=5.4）较喹啉（pK_a=4.9）强。很多天然产物都具有异喹啉骨架结构。

1.3.2 手性四氢异喹啉的结构与命名

四氢异喹啉（Tetrahydroisoquinoline，THIQ）化合物是异喹啉发生还原加氢反应后所得到的产物（图 1-7），是一种具有苯并四氢吡啶结构的化合物。由于异喹啉化合物具有芳香稳定性，底物反应活性弱，异喹啉化合物的还原通常是将底物活化策略与过渡金属铱或铑催化体系相结合来实现。

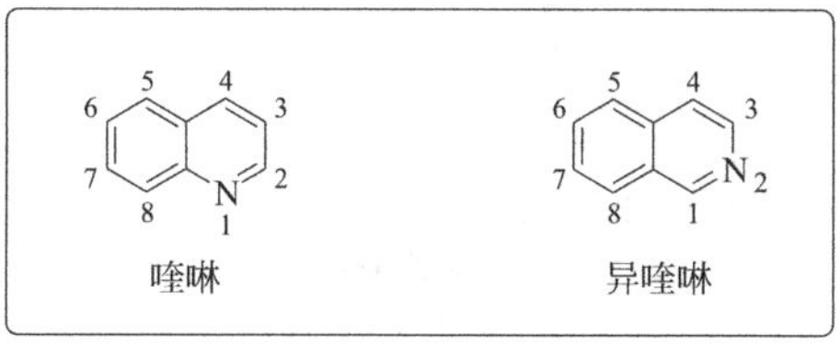

图 1-6 异喹啉的化学结构 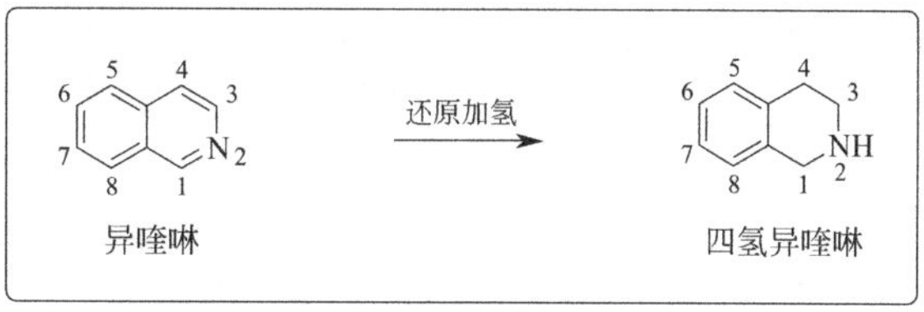　　　图 1-7 四氢异喹啉的化学结构

当四氢异喹啉化合物的 C-1、C-3 或 C-4 位含有四个不同取代基时，则该化合物具有手性碳原子，为手性化合物。手性四氢异喹啉化合物的命名遵循国际纯粹化学和应用化学联合会（International union of pure and applied chemistry，IUPAC）制定的系统命名法，并同时结合我国文字特点。根据命名规则，四氢异喹啉化合物中各碳原子编号如图 1-7 所示。依据取代基的位置及手性碳原子的构型，可实现对四氢异喹啉类化合物的命名。当四氢异喹啉化合物含有一个手性碳原子时，如图 1-8 所示的一对对映异构体，苯基取代基为C-1 位取代基，其中 S 构型异构体命名为（S）-1-苯基-1,2,3,4-四氢异喹啉，也可简写为（S）-1-苯基四氢异喹啉。

当四氢异喹啉化合物含有两个或两个以上手性碳原子时，则该化合物包含多组对映异构体和非对映异构体。对于 C-1、C-3 二取代四氢异喹啉化合物，则包含两对对映异构体

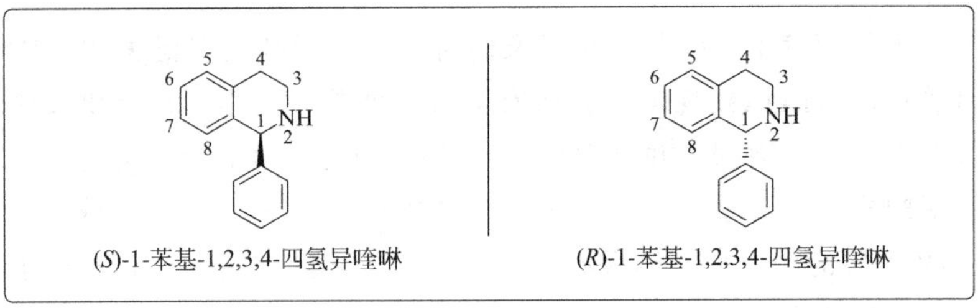

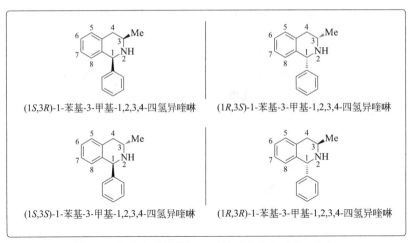

图 1-8　含一个手性碳原子四氢异喹啉的一对对映异构体

和四对非对映异构体，其结构如图 1-9 所示。其中，（1S,3R）构型异构体与（1R,3S）异构体、（1S,3S）异构体与（1R,3R）异构体，分别互为一对对映异构体；而（1S,3R）异构体与（1R,3R）异构体、（1S,3R）异构体与（1S,3S）异构体、（1R,3S）异构体与（1R,3R）异构体、（1R,3S）异构体与（1S,3S）异构体，则分别互为一对非对映异构体。互为一对对映异构体的化合物，其物理性质、化学性质相同，但其在手性环境中则通常表现出不同的生物活性，是两个完全不同的化合物；而对于一对非对映异构体，其物理性质、化学性质、生物活性均有所不同。

图 1-9　含多个手性碳原子四氢异喹啉的对映异构体

1.3.3　手性四氢异喹啉的生物活性

手性四氢异喹啉化合物作为一类重要的有机胺类化合物，广泛存在于天然产物及生物活性分子中（图 1-10）[4]。异喹啉类生物碱主要分布于罂粟科、长春花、毛茛科、石蒜科等生物碱的根、茎、叶中。

随着对手性四氢异喹啉化合物的深入研究，四氢异喹啉化合物化学结构和生物活性的多样性也引起了化学家和生物学家的广泛关注。大量研究表明，手性四氢异喹啉化合物具有优异的抗肿瘤活性、抗病原微生物活性、抗炎活性、抗凝血作用、支气管扩张作用、中枢神经系统作用等。尤其是在中枢神经系统疾病的治疗中，表现出优异的生物活性。

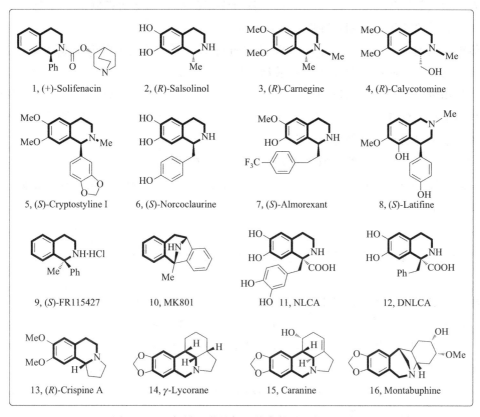

图 1-10　四氢异喹啉骨架天然产物及生物活性分子

其中，去甲乌药碱［(S)-Norcoclaurine］是一种苄基四氢异喹啉类生物碱，广泛存在于植物体内，是一种具有生物活性及药用价值的次级代谢产物[5]。去甲乌药碱具有显著的降压及加快心率的作用，是在药代动力学特征上，可与目前公认的同类药物中最好的多巴酚丁胺竞争的肾上腺素药物。

(R)-Salsolinol 和（R)-Carnegine，是一类基于 C-1 位甲基取代的四氢异喹啉化合物，研究发现它们可以作为人体单胺氧化酶的抑制剂。单胺氧化酶抑制剂是最早发现的抗抑郁剂，广泛应用于精神疾病的治疗[6]。

Cryptostyline 类生物碱是从隐柱兰属萱草（Cryptostylis fulva）中分离提取得到的一类四氢异喹啉生物碱[7]。它们作为 D1 多巴胺受体的药理学探针，被广泛应用于神经系统中肽的病理生理作用的研究。

地卓西平［Dizocilpine，（＋)-MK-801］，又称地佐环平，是一种 C-1 位季碳取代四氢异喹啉化合物[8]。地卓西平作为一种有效的高选择性的非竞争性 NMDA（N-甲基-D-天冬氨酸，N-methyl-D-aspartic acid）受体拮抗剂，通常用于中枢神经系统疾病的治疗，具有麻醉、抗惊厥和抗癫痫等作用，同时也是一种精神类药物。

四氢维洛林羧酸 NLCA（Norlaudanosolinecarboxylic acid）及衍生物 DNLCA 是一类 α-羧基季碳取代四氢异喹啉化合物[9]。Coscia 课题组在左旋多巴胺治疗的帕金森病人的尿液，以及小鼠的小脑及尿液中均检测到一定剂量的 NLCA；随后，该课题组经进一步研究探索，发现其衍生物 DNLCA 是一种非竞争性多巴胺 β-羟化酶抑制剂，对控制肾上腺素合成具有重要作用，可用作降血压药物。

值得一提的是，索非那新［(＋)-Solifenacin］琥珀酸盐作为一种新型毒蕈碱受体拮抗剂，通过松弛膀胱肌肉，阻止在膀胱活动过度症治疗中出现的尿急尿频症状，其选择性高，副作用少[10]。目前，索非那新主要用于尿失禁、尿急、尿频为临床特征的膀胱活动过度症的治疗。据统计，2014 年，索非那新在美国的销售额就已达 10 亿美元。索非那新的市场需求也呈逐年上升趋势。

手性四氢异喹啉化合物丰富的生物活性，使其在药物化学、临床医学等领域备受关注。因此，发展一些高效的方法来实现手性四氢异喹啉化合物的合成是具有重要研究价值和现实意义的。

1.4 手性四氢异喹啉生物碱在生命体内的作用机制

随着对自然界的探索，科学家们发现手性四氢异喹啉生物碱广泛存在于大自然，是一类重要的生物碱，通常具有非常好的生物活性及药物活性。其中，苄基异喹啉生物碱（Benzylisoquinoline alkaloids，BIAs）是一类具有丰富药用价值的生物碱家族（2500 种），如抗坏血酸盐和吗啡等生物碱[11]。自然界中手性四氢异喹啉生物碱的生成主要通过生物体内酶促反应实现。生物体内酶促反应的反应条件温和、效率高、专一性强，是实现手性四氢异喹啉生物碱的最优途径之一。

1.4.1 生物体内四氢异喹啉化合物的生成机制

自然界中四氢异喹啉生物碱的合成通过生物体内酶促反应实现，主要有两种途径（图1-11）。途径 A：通过皮克特-施彭格勒合酶（Pictet-Spenglerase，PSase）催化的多巴胺（或衍生物）与醛的脱水缩合环化反应合成四氢异喹啉生物碱；途径 B：多巴胺（或衍生物）与羰基酸先发生皮克特-施彭格勒合酶催化环化，随后在脱羧酶（DCase：Decarboxylase）作用下，脱除一分子二氧化碳，生成四氢异喹啉生物碱。在途径 B 中，反应的立体

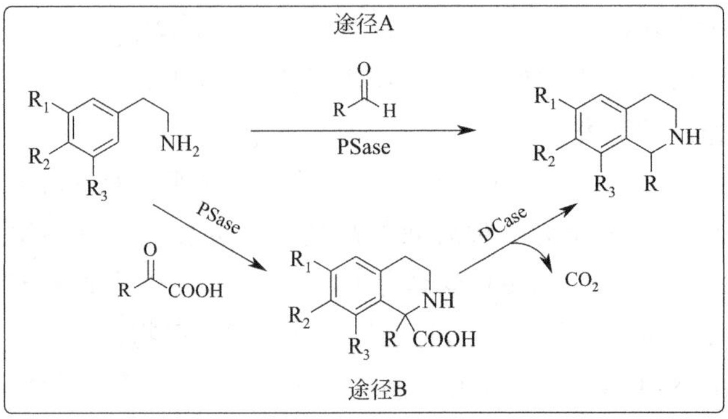

图 1-11 自然界中四氢异喹啉生物碱的两种合成途径

选择性则是由脱羧反应来控制的。对于具体的某一种四氢异喹啉生物碱的合成途径，则主要取决于羰基酮底物中的 R 基团。底物结构简单的醛类化合物（R＝H，Me），则主要通过途径 B 实现；对于底物结构复杂的醛类化合物，由于其空间位阻大，主要通过途径 A 实现；而对于部分四氢异喹啉生物碱的生物合成，两种途径也可能是同时存在的，如冠影掌碱的生物合成等。

1.4.2　植物体内苄基四氢异喹啉生物碱的生成机制

苄基四氢异喹啉生物碱的生物合成广泛存在于植物体内。［(S)-去甲乌药碱，(S)-Norcoclaurine］作为一种重要的苄基四氢异喹啉骨架结构的生物碱，它是植物体内 2500 多种苄基异喹啉生物碱的合成前体（图 1-12）。去甲乌药碱在植物体内可通过多步生物合成，转化为异喹啉骨架生物碱或其他生物碱物质。如 Tetrandrine、Reticuline、Norlaudanosine、Xylopinine、Scoulerine 等生物碱，具有异喹啉骨架结构及丰富的生物活性，它们都可以通过去甲乌药碱的代谢实现其生物合成过程。

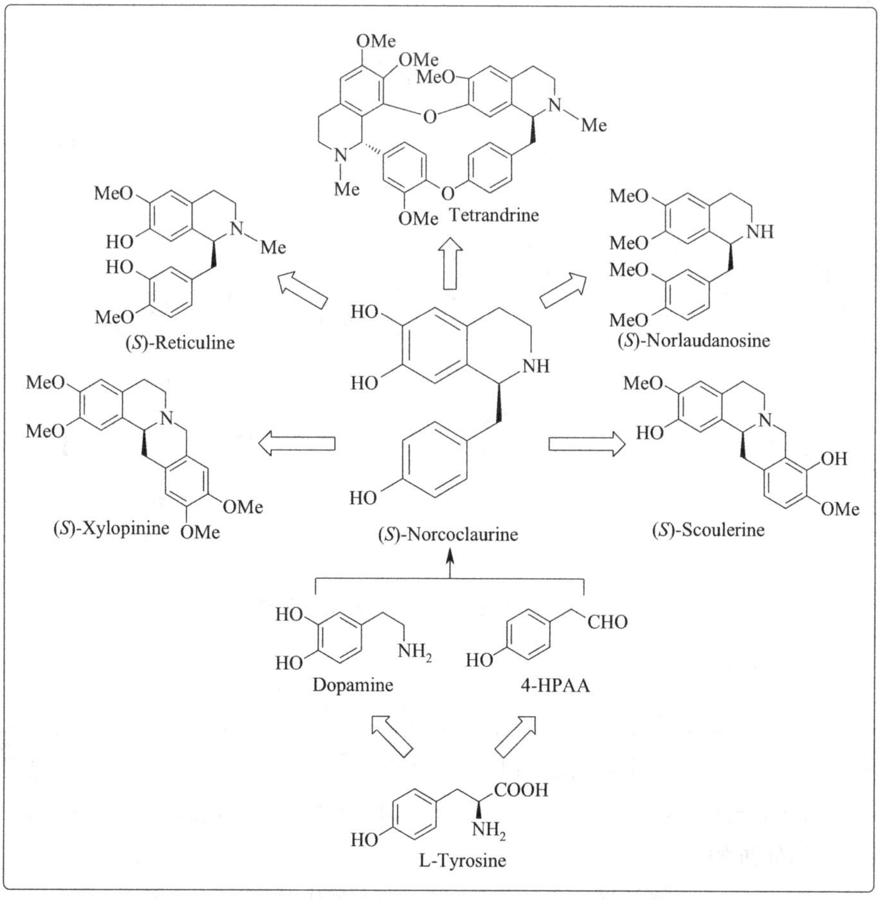

图 1-12　植物体内苄基四氢异喹啉生物碱的生物合成过程

1.4.2.1 植物体内去甲乌药碱的代谢合成途径

植物体内去甲乌药碱的代谢合成至关重要，它是植物体内多种苄基异喹啉生物碱的重要合成前体，也是生命活动的重要组成部分。左旋酪氨酸是一种含有酚羟基的芳香极性 α-氨基酸，是植物体内代谢产物苄基异喹啉生物碱、迷迭香酸、维生素 E 等的合成前体，去甲乌药碱的合成代谢也来源于酪氨酸。

植物体内，去甲乌药碱的合成代谢是通过两分子酪氨酸的代谢作用实现的（图 1-13）。首先，一分子酪氨酸在酪氨酸羟化酶（Tyrosine hydroxylase，TH）作用下，在芳环中引入羟基生成左旋多巴（L-dihydroxyphenylalanine，L-DOPA）；随后，在芳香族氨基酸脱羧酶（Amino acid decarboxylase，AADC）作用下脱去羧基，进一步转化为多巴胺。而另一分子的酪氨酸则在转氨酶（Transaminase，TAm）作用下，与一分子丙酮酸盐发生一分子氨基转移，转化为对羟基苯丙酮酸，而丙酮酸盐则转化为丙氨酸；随后对羟基苯丙酮酸在脱羧酶催化下，发生脱羧反应，进而转化为对羟基苯乙醛。最后，在去甲乌药碱合酶（Norcoclaurine Synthase，NCS）的催化作用下，多巴胺与对羟基苯乙醛发生 Pictet-Spengler 环化，立体选择性地转化为（S）-去甲乌药碱[12]。

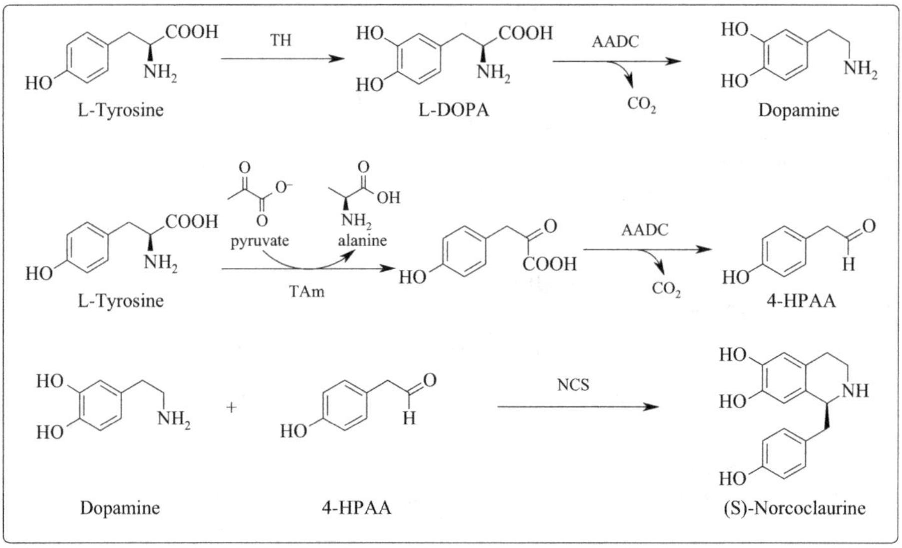

图 1-13　植物体内去甲乌药碱的代谢合成途径

1.4.2.2 植物体内去甲乌药碱的代谢转化过程

植物体内四氢异喹啉类生物碱通常富含羟基、甲基、甲氧基等官能团，它们可以通过去甲乌药碱的代谢来实现其生物合成过程（图 1-14）[5]。在这些过程中，通常会涉及甲基转移酶（Methyltransferase，MT）、羟化酶（Hydroxylase）、氧化酶（Oxidase）、还原酶（Reductase）等促进的生物转化。

植物体内的异喹啉生物碱通常含有 N-甲基和甲氧基等结构，而这些甲基通常是底物中的胺基和羟基在甲基转移酶作用下，通过一分子的甲基迁移实现其生物转化的。S-腺苷甲硫氨酸（S-adenosyl methionine，SAM）是一种带有活化甲基的辅酶，可参与生物体内甲基的转移反应。生物体内，在甲基转移酶的作用下，可将辅酶 S-腺苷甲硫氨酸中的活化甲基，转移至羟基或胺基的结构中。在辅酶 S-腺苷甲硫氨酸的作用下，通过将一分子甲基迁移至去甲乌药碱的酚羟基，可转化为（S）-Coclaurine；而（S）-Coclaurine 在辅酶作用下，将一分子甲基转移至胺基上，则可转化为（S）-N-Me-Coclaurine；此外，在其他生物碱的转化过程中，也多次涉及辅酶 S-腺苷甲硫氨酸作用的甲基转移过程。

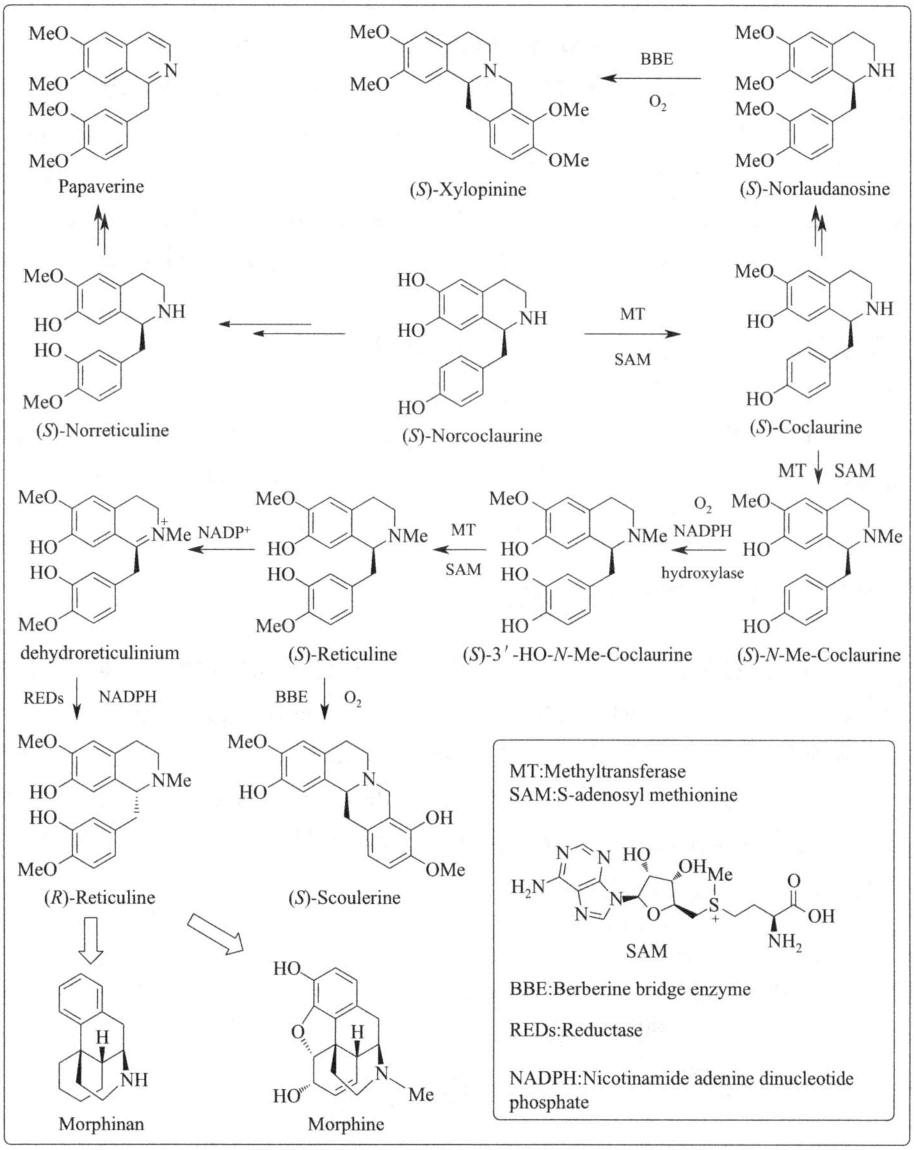

图 1-14　植物体内去甲乌药碱的代谢转化过程

多羟基化合物如糖类、甾体类物质，同样广泛存在于生物体内，而生物体内羟基的引入往往是通过羟化酶来实现的。羟化酶是一种氧化酶，它通过催化氧分子形成醇、酚类物质。生物体内异喹啉骨架生物碱通常包含大量的酚羟基及甲氧基结构，羟化酶在其合成中起着重要作用。通过去甲乌药碱合成（S）-Reticuline、Papaverine、（S）-Norlaudanosine

等异喹啉骨架生物碱的过程中，除了涉及甲基转移过程，也需要在底物结构中引入新的酚羟基。在该过程中，氧分子作为氧化剂，NADPH（Nicotinamide adenine dinucleotide Phosphate：还原型烟酰胺腺嘌呤二核苷酸磷酸）作为质子源，通过羟化酶促进的氧化反应，实现酚羟基的构建。

除了简单的苄基异喹啉骨架化合物，植物体内还包括一些多环稠合苄基异喹啉生物碱，如（S）-Xylopinine、（S）-Scoulerine 等。（S）-Xylopinine 和（S）-Scoulerine 是一类双四氢异喹啉骨架稠合的生物碱，具有两个四氢异喹啉骨架结构和一个手性立体中心。该类化合物的合成中，需要构建新的碳碳单键和六元氮杂环结构。在生物转化中，需要采用氧化酶催化实现碳碳单键的构建和关环反应。小檗碱桥酶（Berberine bridge enzyme，BBE）是一种黄素依赖型氧化酶，广泛存在于罂粟科植物体内。在生物体内，小檗碱桥酶在氧分子的存在下，通过碳氢键活化策略，实现分子内碳碳键偶联反应。（S）-Norlaudanosine 和（S）-Reticuline 通过在小檗碱桥酶催化的碳碳键偶联，经环化反应一步生成（S）-Xylopinine 和（S）-Scoulerine 生物碱。

此外，去甲乌药碱也可以经过多步生物转化过程，进一步转化为吗啡喃（Morphinans）、吗啡（Morphines）等其他非异喹啉骨架的生物碱。

苄基异喹啉生物碱的生物合成广泛存在于植物体内，但只有少数苄基异喹啉可以在植物体内富集，这同时也限制了苄基异喹啉类生物碱在生物制药领域的潜在应用。因此，发展新的生物合成策略实现其不对称合成具有重要研究价值和意义。

1.4.3 动物/人体内四氢异喹啉生物碱的生成机制

四氢异喹啉类生物碱具有丰富的生物活性，是一类重要的药物中间体，在抗癌、抗疟、抗炎、抗肿瘤等方面具有明显的作用。动物/人体内四氢异喹啉类生物碱的生成，主要通过儿茶酚胺的代谢来实现。儿茶酚胺（Catecholamine，CA）是一种含有儿茶酚和胺基的神经类物质，主要包括去甲肾上腺素（Noradrenaline，NA）、肾上腺素（Adrenaline，Ad）、多巴胺（Dopamine）及其衍生物等，而是去甲肾上腺素、肾上腺素、多巴胺均是以络氨酸为前体转化得到的（图 1-15）。

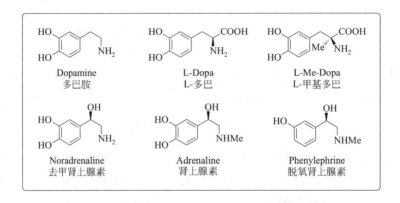

图 1-15　几种常见的儿茶酚胺化合物

1.4.3.1 动物/人体内多巴胺的代谢合成途径

多巴胺是大脑中含量最丰富的儿茶酚胺类神经递质，具有调控中枢神经系统等多种生理功能。多巴胺与人体的运动、学习、记忆等密切相关，帕金森、精神分裂、垂体肿瘤等均是由体内多巴胺合成代谢异常所引起的。其中，帕金森氏病就是由神经退变导致的多巴胺含量不足，从而使得兴奋性神经递质和抑制性神经递质之间发生失衡导致的。

氨基酸是构成蛋白质的基本单位，也是维持人体（或动物）健康成长的必要组成部分。人体内多巴胺的合成代谢主要来源于食物中的酪氨酸和苯丙氨酸的代谢（图 1-16）。根据其来源不同，主要有两种途径：一种是通过对食物中酪氨酸的吸收，经多巴胺神经元内的酪氨酸羟化酶转化，在酪氨酸芳环结构中引入羟基，生成左旋多巴；随后，在芳香族氨基酸脱羧酶作用下，脱除羧基，进一步转化为多巴胺。其中，酪氨酸羟化酶转化过程是多巴胺合成的决速步，它是受酪氨酸羟化酶调控限速的一步。

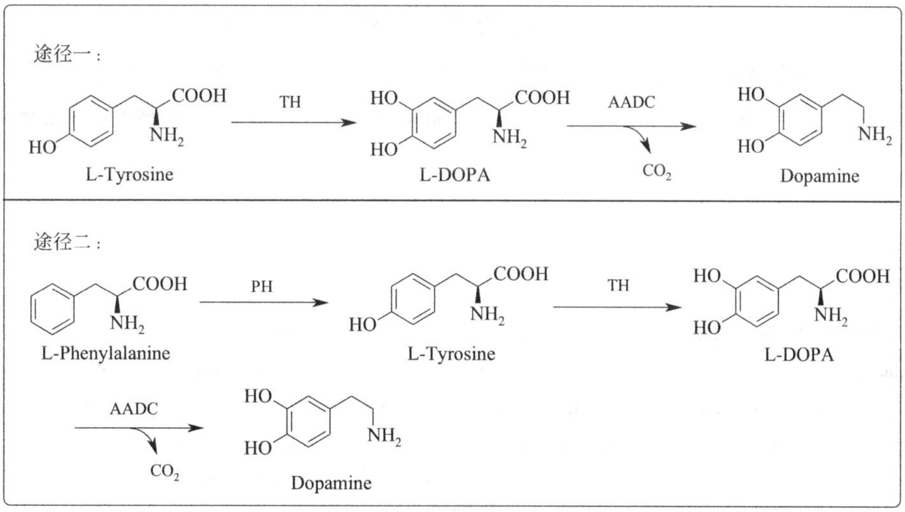

图 1-16　人体内多巴胺的代谢合成途径

另一种则是从食物中摄取苯丙氨酸，在肝脏内经苯丙氨酸羟化酶（Phenylalanine hydroxylase，PH）转化为酪氨酸，也可以经多巴胺神经元内的酪氨酸羟化酶转化为左旋酪氨酸；再经途径进一步转化为多巴胺。

1.4.3.2 动物/人体内多巴胺的代谢转化途径

多巴胺作为生物体内一种重要的神经递质，与生物体内四氢异喹啉生物碱的代谢合成密切相关。因此，在生物体内各个部位通常可以检测到四氢异喹啉生物碱。部分多巴胺内源性代谢产物四氢异喹啉生物碱，如去甲猪毛菜碱（Salsolinol）等对多巴胺能神经元具有细胞毒性，是引起帕金森症状的原因之一[13]。

去甲猪毛菜碱（Salsolinol）是一种广泛存在于罂粟科植物紫堇属中的四氢异喹啉生物碱。在人体尿液中也可以检测到的猪毛菜酚，推测其在人体内的代谢合成途径（图 1-17）如下：饮酒后，人体内的乙醇在乙醇脱氢酶作用下转化为乙醛；随后左旋多巴与乙醛发生 Pictet-Spengler 环化反应，再经脱羧反应，进一步转化为猪毛菜酚。

但也有一部分四氢异喹啉生物碱具有神经保护作用，是潜在的帕金森症状的治疗药物。

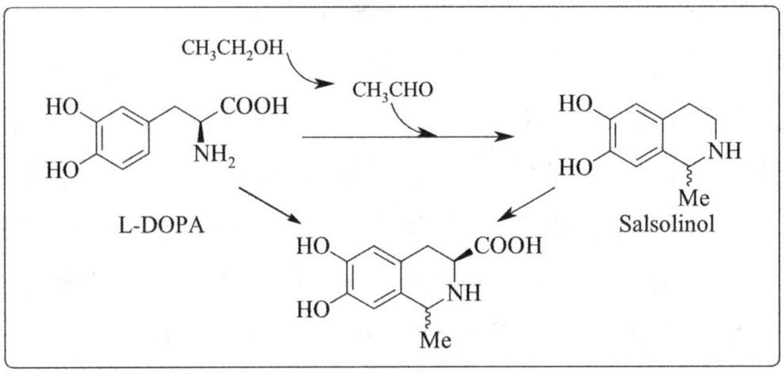

图 1-17　人体内猪毛菜酚的代谢合成途径

不仅如此，四氢异喹啉生物碱具有丰富的生物活性，与生物体内的生命活动密切相关。它可以作为单胺氧化酶抑制剂、受体拮抗剂等参与到生物体代谢活动中。四氢异喹啉生物碱同时具有优异的抗肿瘤活性、抗病原微生物活性、抗炎活性、抗凝血作用、支气管扩张作用、中枢神经系统作用等，因此，在生物制药、临床医学等领域具有广泛的应用。

参考文献

[1]　（a）Burley, D. M.; Lenz, W. Thalidomide and congenital abnormalities. *Lancet*. **1962**, *279*: 271-272.（b）Stephans, T. D. Proposed mechanisms of action in thalidomide embryopathy. *Teratology*. **1988**, *38*: 229-239.

[2]　Regulations on Food and Drug Administration of listed racemic pharmaceuticals in **1992**, see: http://www.fda.gov/drugs/guidancecomplianceregulatoryinformation/guidances/ucm122883.html.

[3]　Regulations on Food and Drug Administration of listed racemic pharmaceuticals in **1997**, see: http://www.fda.gov/drugs/guidance complianceregulatoryinformation/guidances/ucm134966.html.

[4]　Selected reviews:（a）Scott, J. D.; Williams, R. M. Chemistry and biology of the tetrahydroisoquinoline antitumor antibiotics. *Chem. Rev.* **2002**, *102*: 1669-1730.（b）Liu, W.; Liu, S.; Jin, R.; Guo, H.; Zhao, J. Novel strategies for catalytic asymmetric synthesis of C1-chiral 1, 2, 3, 4-tetrahydroisoquinolines and 3, 4-dihydro-tetrahydroisoquinolines. *Org. Chem. Front.* **2015**, *2*: 288-299.

[5]　Ghirga, F.; Quaglio, D.; Ghirga, P.; Berardozzi, S.; Zappia, G.; Botta, B.; Mori, M.; d'Acquarica, I. Occurrence of enantioselectivity in nature: the case of（S）-Norcoclaurine. *Chirality* **2016**, *28*: 169-180.

[6]　（a）Bembenek, M. E.; Abell, C. W.; Chrisey, L. A. Rozwadowska, M. D.; Gessner, W.; Brossi, A. Inhibition of monoamine oxidases A and B by simple isoquinoline alkaloids: racemic and optically active 1, 2, 3, 4-tetrahydro-, 3, 4-dihydro-, and fully aromatic isoquinolines. *J. Med. Chem*, **1990**, *33*: 147-152.（b）Pyne, S. G.; Bloem, P.; Chapman, S. L.; Dixon, C. E.; Griffith, R. Chiral sulfur compounds. 9. Stereochemistry of the intermolecular and intramolecular conjugate additions of amines and anions to chiral（E）- and（Z）-vinyl sulfoxides. total syntheses of（R）-（＋）-Carnegine and（＋）- and（-）-Sedamine. *J. Org. Chem.* **1990**, *55*: 1086-1093.（c）Peng, S.; Guo, M.; Winterfeldt, E. Synthesis of enantiomerically pure tetrahydro-2-methylharman. *Liebigs Ann. Chem.* **1993**: 137-140.

[7]　（a）Brossi, A.; Teitel, S. Synthesis and absolute configuration of Cryptostylines Ⅰ, Ⅱ, and Ⅲ. *Helvetica Chim. Acta*. **1971**, *54*: 1564-1571.（b）Kametani, T.; Sugi, H.; Shibuya, S. The absolute configuration of

Cryptostyline-Ⅲ studies on the syntheses of heterocyclic compounds CCCXCVII. *Tetrahedron*. **1971**, *27*：2409-2414.

［8］ （a）Thompson, W. J.；Anderson, P. S.；Britcher, S. F.；Lyle, T. A.；Thies, J. E.；Magill, C. A.；Varga, S. L.；Schwering, J. E.；Lyle, P. A.；Christy, M. E.；Evans, B. E.；Colton, C. D.；Holloway, M. K.；Springer, J. P.；Hirshfield, J. M.；Ball, R. G.；Amato, J. S.；Larsen, R. D.；Wong, E. H. F.；Kemp, Jo. A.；Tricklebank, M. D.；Singh, L.；Oles, R.；Priestly, T.；Marshall, G. R.；Knight, A. R.；Middlemiss, D. N.；Woodruff, G. N.；Iversen, L. L. Synthesis and Pharmacological Evaluation of a Series of Dibenzo［*a*，*d*］cycloalkenimines as *N*-methyl-*D*-aspartate antagonists. *J. Med. Chem.* **1990**, *33*：789-808.（b）Monn, J. A.；Thurkauf, A.；Mattson, M. V.；Jacobson, A. E.；Rice, K. C. Synthesis and structure-activity relationship of C5-substituted analogs of （+/-）-10, 11-dihydro-5H-dibenzo［*a*，*d*］- cyclohepten-5, 10-imine ［（+/-）-demethyl-MK801］：ligands for the NMDA receptor-coupled phencyclidine binding site. *J. Med. Chem.* **1990**, *33*：1069-1076.

［9］ （a）Crscia, J. C.；Burke, W.；Jamroz, G.；Lasala, J. M.；Mcfarlane, J.；Mitchell, J.；O'Toole, M. M.；Wilson, M. L. Occurrence of a new class of tetrahydroisoquinoline alkaloids in L-dopa-treated parkinsonian patients. *Nature* **1977**, *269*：617-619.（b）Lasala, J. M.；Crscia, J. C. Accumulation of a tetrahydroisoquinoline in phenylketonuria. *Science*. **1979**, *203*：283-284.

［10］（k）Naito, R.；Yonetoku, Y.；Okamoto, Y.；Toyoshima, A.；Ikeda, K.；Takeuchi, M. J. Synthesis and antimuscarinic properties of quinuclidin-3-yl 1, 2, 3, 4-tetrahydroisoquinoline- 2-carboxylate derivatives as novel muscarinic receptor antagonists. *J. Med. Chem.* **2005**, *48*：6597-6606.

［11］ Narcross, L.；Fossati, E.；Bourgeois, L.；Dueber, J. E.；Martin, V. J. J. Microbial factories for the production of benzylisoquinoline alkaloids. *Trends in Biotech*. **2016**, *34*：228-241.

［12］ Stöckigt, J.；Antonchick, A. P.；Wu, F.；Waldmann, H. The Pictet‐Spengler reaction in nature and in organic chemistry. *Angew. Chem. Int. Ed.* **2011**, *50*：8538-8564.

［13］ 刘册家, 刘佃雨, 向兰. 四氢异喹啉类生物碱的生物活性多样性及其作用机制. 药学学报, **2010**, *4*, 9-16.

本章英文缩写对照表

英文缩写	英文名称	中文名称
AADC	Amino acid decarboxylase	氨基酸脱羧酶
Ad	Adrenaline	肾上腺素
BBE	Berberine bridge enzyme	小檗碱桥联酶
BIAs	Benzylisoquinoline alkaloids	苄基异喹啉生物碱
CA	Catecholamine	儿茶酚胺
DA	Dopamine	多巴胺
DC (DCase)	Decarboxylase	脱羧酶
DNA	Deoxyribo nucleic acid	脱氧核糖核酸
FDA	The U. S. Food and Drug Administration	美国食品药品监督管理局
L-DOPA	L-dihydroxyphenylalanine	左旋多巴
（+）-MK-801	Dizocilpine	地卓西平
MT	Methyltransferase	甲基转移酶
NA	Noradrenaline	去甲肾上腺素
NADPH	Nicotinamide adenine Dinucleotide phosphate	还原型烟酰胺腺嘌呤二核苷酸磷酸

英文缩写	英文名称	中文名称
NCS	Norcoclaurine synthase	去甲乌药碱合酶
NLCA	Norlaudanosoline carboxylic Acid	四氢维洛林羧酸
NMDA	*N*-methyl-*D*-aspartic acid	*N*-甲基-*D*-天冬氨酸
IUPAC	International Union of Pure and Applied Chemistry	国际纯粹化学和应用化学联合会
IQ	Isoquinoline	异喹啉
PH	Phenylalanine hydroxylase	苯丙氨酸羟化酶
PSase	Pictet-Spenglerase	皮克特-施彭格勒合酶
RNA	Ribonucleic acid	核糖核酸
SAM	*S*-adenosyl methionin	*S*-腺苷甲硫氨酸
TAm	Transaminase	转氨酶
TH	Tyrosine hydroxylase	酪氨酸羟化酶
THIQ	Tetrahydroisoquinoline	四氢异喹啉

[2] 手性四氢异喹啉化合物的化学合成策略

近年来，通过化学合成策略实现手性四氢异喹啉化合物的合成已经取得了重要研究进展[1]。常见的手性合成策略包括经典化学拆分、动力学拆分、动态动力学拆分、动态动力学不对称转化、去外消旋化、不对称合成等。

化学反应中，产物分子的构型是由反应的立体选择性来决定的。而影响反应立体选择性的因素有很多，包括金属催化剂[2]、配体[3]、溶剂[4]、添加剂[5]、温度[6]及其他非手性因素[7]。因此，探索和发展不对称合成策略实现化合物的手性合成具有重要研究意义。

2.1 底物手性诱导策略合成手性四氢异喹啉化合物

手性诱导策略是合成手性四氢异喹啉化合物的一类重要方法。通过底物手性的诱导，可在底物结构中构建新的手性中心。

2.1.1 底物诱导策略合成手性四氢异喹啉

底物诱导策略是通过底物中已有单一构型手性结构单元的诱导发生分子内的不对称反应，得到非对映异构体产物的过程[8]。它是通过控制反应中的非手性因素，来实现手性因子对反应潜手性中心非对映选择性的有效控制的（图 2-1）。底物诱导策略主要采用商业可得的天然产物为原料，其价格低廉，且同时避免了手性化合物的制备。

$$S^* \xrightarrow{R} P^*$$

图 2-1 底物诱导策略

2014 年，Coldham 课题组采用叔丁氧酰基保护的（S)-1-苯基四氢异喹啉为原料，通过低温条件下正丁基锂拔除 C-1 位质子，与不同类型亲电试剂反应，成功实现了 1,1-二取代四氢异喹啉的手性合成，且产物构型保持不变[9]。由于化学键可以自由旋转，叔丁氧酰基可绕 C—N 键转动，因此叔丁氧酰基保护的四氢异喹啉化合物通常以一对阻旋异构体的形式存在（图 2-2）。当叔丁基和 C-1 位取代基的位阻作用较大时，C—N 键的旋转受阻，则倾向于生成位阻作用更小的异构体。研究发现，该反应需要在低温条件下进行，随着锂化温度的升高，产物对映选择性降低，产物构型不能保持。若以甲醇作为质子型亲电试剂，反应在－78℃下进行，且可以 96% ee 值回收原料；但若在 0℃下反应，则发生消旋化反应。

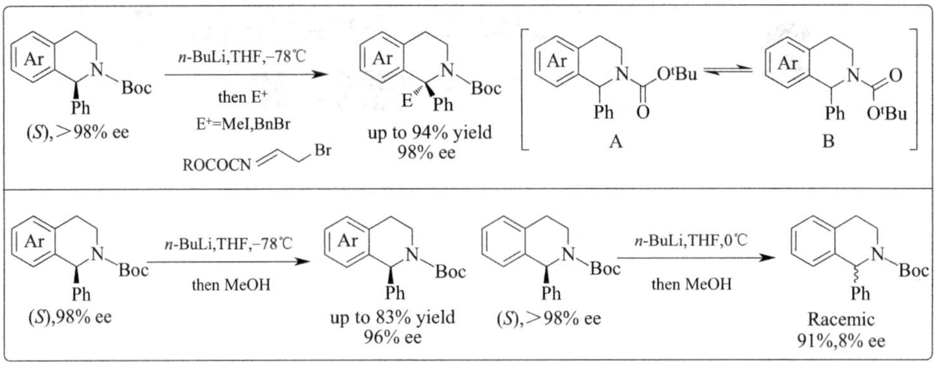

图 2-2　底物诱导策略合成季碳取代四氢异喹啉

2017 年，张俊良课题组报道了一例过渡金属铑催化的 C,N-环状偶氮甲碱亚胺与手性 2-烯基氮丙啶的［3＋3］环加成反应，合成了一系列含三个氮原子的手性四氢异喹啉骨架稠环化合物（图 2-3）[10]。反应以光学活性 2-烯基氮丙啶为原料，通过底物诱导策略，可以将原料的手性有效地迁移至产物中，实现具有两个手性中心稠环化合物的对映选择性合成。从实验结果来看，产物具有优异的非对映选择性，其对映选择性则略有下降。该策略具有原子经济性、反应条件温和、底物适用范围广等特点。

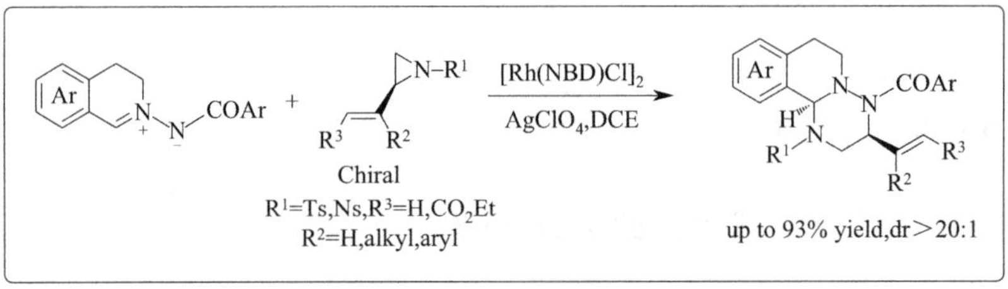

图 2-3　底物诱导策略合成多手性中心四氢异喹啉稠环化合物

2.1.2　手性辅基诱导策略合成手性四氢异喹啉

手性辅基（Chiral auxiliary）诱导策略是指将手性辅基引入底物分子中，通过分子内的不对称诱导策略，进而产生新的手性中心，通过将手性辅基脱除，得到对映异构体产物的策略（图 2-4）[8]。手性辅基诱导策略是合成手性四氢异喹啉化合物的重要策略之一。在合成研究工作中，通常采用一些廉价且商业可得的天然产物及其衍生物作为手性辅基，如天然氨基酸、手性胺、手性酸等。该策略中，通常涉及手性辅基的引入与脱除，因此必须保证手性辅基可实现有效引入和脱除，且产物的对映选择性可不受影响。

石蒜科植物西南文殊兰（*Crinum latifolium*），是一种多年生粗壮草本，主要生长于我国广西、云南、贵州等地。其叶中含有丰富的生物碱化合物，如西南文殊兰碱（Crinafoline）、西南文殊兰芬碱（Latifine）、文殊兰胺

图 2-4　手性辅基诱导策略

（Crinamine）、扁担叶碱（Hamayne）等，通常具有刺激免疫、抗癌、抗疟疾等丰富的生物活性。其中，西南文殊兰芬碱是一种 C-4 位具有手性中心的四氢异喹啉生物碱。尽管 C-4 位芳基取代手性四氢异喹啉生物碱广泛存在于天然产物和生物活性分子中，但由于四氢异喹啉化合物 C-4 位的立体选择性难控制，其不对称合成研究困难重重，因此相关研究报道较少。

2003 年，法国 Couture 课题组采用手性辅基诱导策略，实现了西南文殊兰芬碱（Latifine）的一对对映异构体的不对称合成研究（图 2-5）[11]。为了实现对 C-4 位手性中心的立体控制，该课题组在反应底物的氮原子上引入手性辅助基团，通过控制反应过程的非对映选择性来实现。作者首先采用（*R*）-1-苯基乙胺作为手性源，在底物结构中引入手性基团，再通过底物的手性诱导，将其进一步转化为一对非对映异构体而实现分离。随后，在氢气作用下，通过 Pd(OH)$_2$/C 催化还原烯胺，脱除苄基，再经 Pictet-Spengler 环化反应及醚类保护基的脱除，最终实现（*R*）-Latifine 的对映选择性合成。

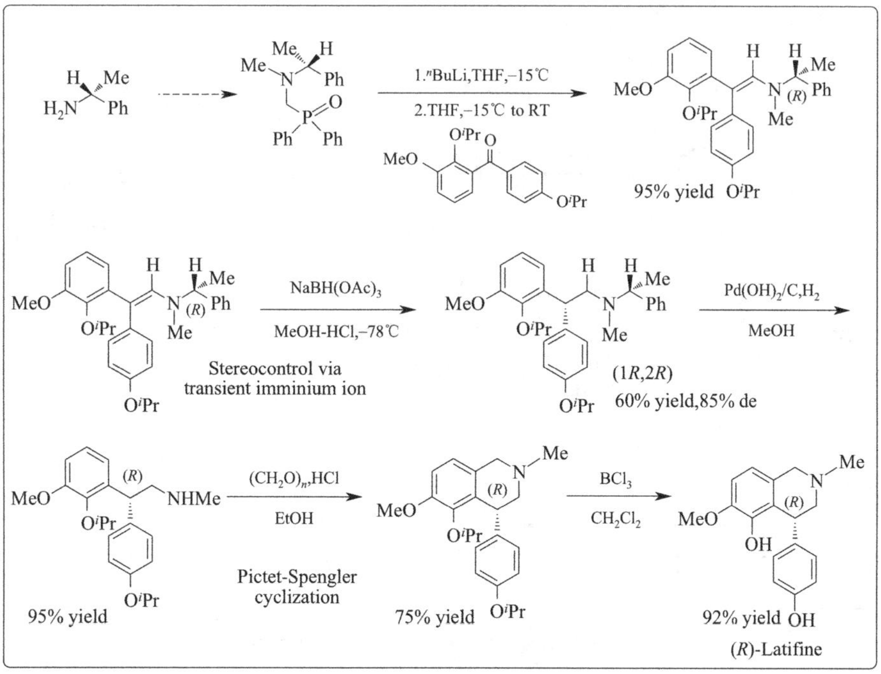

图 2-5　手性辅基诱导策略合成（*R*）-Latifine

2011 年，Hurvois 课题组通过手性辅基诱导构建手性中心，成功实现了一系列 C-1 位取代四氢异喹啉骨架生物碱的对映选择性合成（图 2-6）[12]。为了在 C-1 位构建手性中心，作者采用 3,4-二甲氧基苯乙酸和（*S*）-2-甲基苯乙胺为原料，在氮原子上引入手性基团。随后通过酰胺还原及 Pictet-Spengler 环化反应，实现手性 *N*-烷基-1,2,3,4-四氢异喹啉的

合成。该课题组通过电化学策略在 C-1 位引入氰基，成功地实现了四氢异喹啉骨架 α-氨基腈化合物的合成。

该反应以铂碳为电极，高氯酸锂的甲醇溶液为电解质，氰化钠为亲核试剂，通过自由基反应，以 88% 收率及 60：40 的非对映选择性实现目标产物合成。首先，在电催化作用下，四氢异喹啉底物失去一个电子，形成胺基阳离子自由基，随后氰基负离子拔除 C-1 质子，形成碳自由基，接着再失去一个电子进一步氧化为亚胺盐中间体。并经氰基负离子的亲核加成，生成 α-胺基腈。随后在二异丙基胺锂作用下拔除 C-1 位质子，与烷基卤化物发生亲电取代反应，在 C-1 位引入烷基取代基，生成不稳定的 1,1-二取代四氢异喹啉，经原位氧化为亚胺盐中间体。最后，在 α-胺基的手性诱导下，硼氢化钠从位阻较小的一侧进攻，以 80% 收率及 90：10 非对映选择性，实现 C-1 位烷基取代四氢异喹啉的不对称合成。而手性辅基则可通过钯碳/氢气还原，进行脱除。

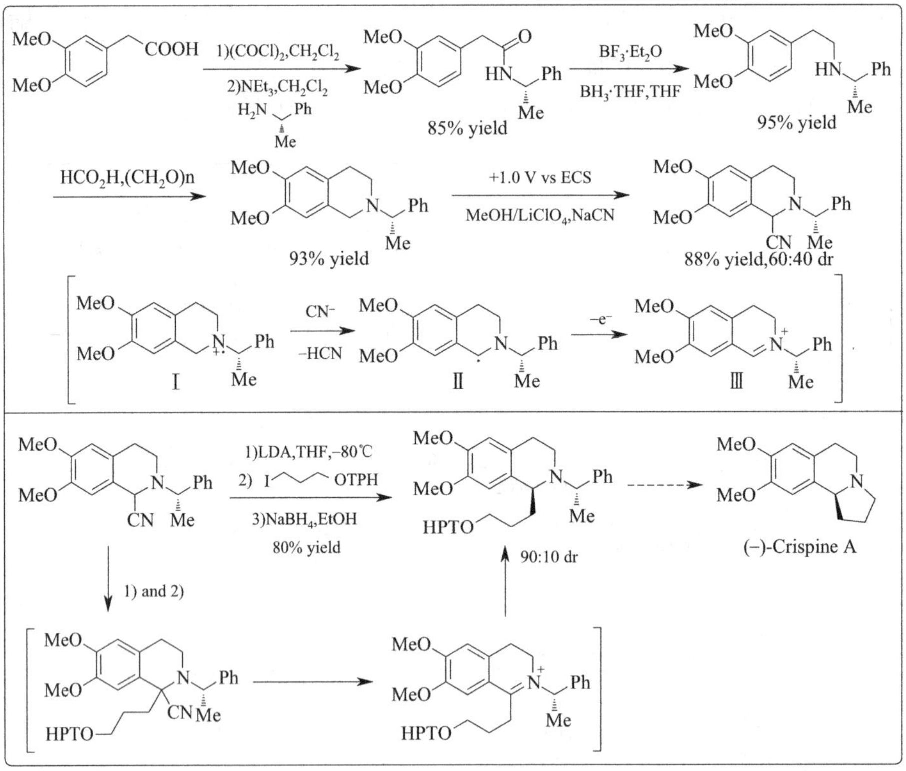

图 2-6　手性辅基诱导策略合成（—）-Crispine A

2.2　经典化学拆分/动力学拆分策略合成手性四氢异喹啉化合物

化学中的拆分是指通过化学方法，将外消旋体混合物分离成单一的对映异构体的过程。常见的化学拆分方法有经典化学拆分、动力学拆分等。拆分反应是不涉及手性中心的一类反应。采用化学拆分的方法合成手性化合物，受其方法本身限制，最高理论收率只有 50％。

2.2.1 经典化学拆分策略

随着对手性试剂的市场需求的日益增长，化合物的手性合成越来越受到化学家们的重视。由于市场需求大，经典化学拆分目前仍是工业生产中获得光学纯活性化合物的最主要合成策略。经典化学拆分（Classical chemical resolution）是指利用化学方法将外消旋的酸（或碱）与旋光性的碱（或酸）反应，生成非对映体的盐，然后再利用非对映体盐物理性质上的差异达到分离的目的。

经典化学拆分，通常采用外消旋混合物为原料，利用手性拆分试剂如手性酸或手性碱等，通过成盐反应形成一对非对映异构体，利用柱色谱、重结晶等分离手段将外消旋混合物中的一对非对映异构体有效地分离，再通过酸碱反应，进一步获得对映的单一手性化合物（图 2-7）。

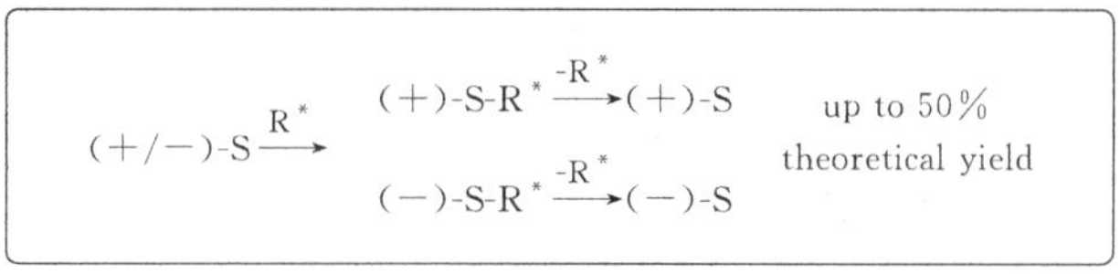

图 2-7 经典化学拆分策略

在已报道的四氢异喹啉化合物的化学拆分方法中，主要是采用手性布朗斯特酸作为手性拆分试剂，利用手性拆分试剂与外消旋四氢异喹啉化合物酸碱反应速率不同，将外消旋混合物中的一对对映异构体进行有效地分离（表 2-1）。常用的手性布朗斯特酸包括手性羧酸、氨基酸衍生物等。

早在 1929 年，Leithe 课题组通过采用（−）-（D）酒石酸为手性拆分试剂对 1-苯基-1,2,3,4-四氢异喹啉外消旋体进行成盐手性拆分，以 33％收率得到（S）-1-苯基-1,2,3,4-四氢异喹啉[13]。2005 年，Naito 小组将该策略用于 C-1 位为苯基取代底物的手性合成，并对该方法进行改进，分别采用（−）-（D）-扁桃酸、（−）-（D）-二苯甲酰酒石酸作为手性拆分试剂用于 C-1 位 3-噻吩基、苄基取代四氢异喹啉的拆分[14]。2014 年，华东理工大学施小新教授同样采用手性布朗斯特酸作为手性拆分试剂，实现了一系列四氢异喹啉骨架生物碱的手性拆分[15]。如采用 N-对甲苯磺酰基-L-苯丙氨酸，对外消旋 Cryptostyline Ⅰ 进行成盐手性拆分，可以 45％的收率及大于 98％的对映选择性得到 S 构型产物。而 R 构型可从母液中以 50％的收率及 82％的对映选择性分离得到。除此之外，（S）-cryptostyline Ⅱ、（R）-Salsolidine、（S）-Norlaudanosine 等天然产物则分别可以利用 N-酰基-L-苯丙氨酸、L-扁桃酸、N-对甲苯磺酰基-L-苯丙氨酸作为手性拆分试剂拆分得到。

通过经典化学拆分策略合成手性四氢异喹啉化合物，最高可以获得 50％理论收率，易造成手性资源的浪费。因此，采用经典化学拆分策略实现手性化合物合成时，需要对非目标对映异构体进行再回收利用。

表 2-1　经典化学拆分策略合成手性四氢异喹啉

Compound	Chiral Acid	ee	Yield	Compound	Chiral Acid	ee	Yield
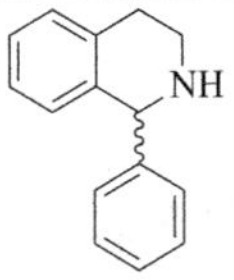	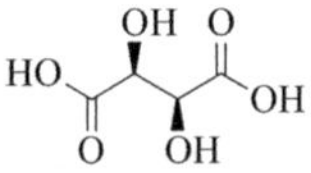 D-Tartaric acid	>98% (*S*)	33%	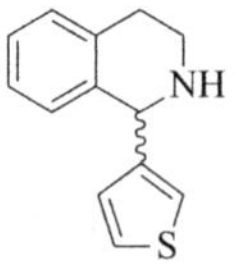	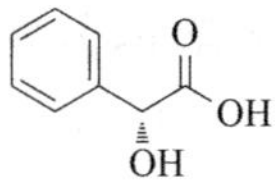 D-Mandelic acid	>98% (*S*)	20%
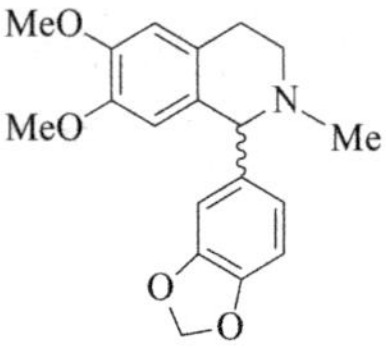 Cryptostyline Ⅰ	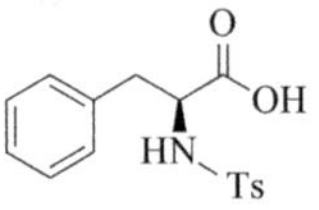 *N*-Ts-L-Phenylalanine	>98% (*S*)	45%	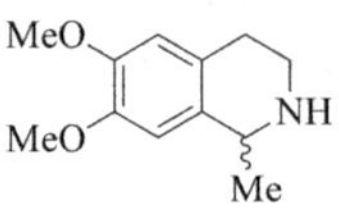 Salsolidine	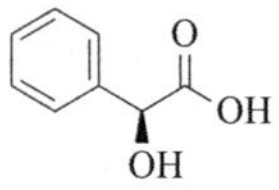 L-Mandelic acid	>98% (*R*)	41%
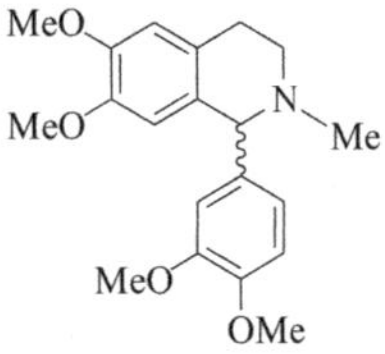 Cryptostyline Ⅱ	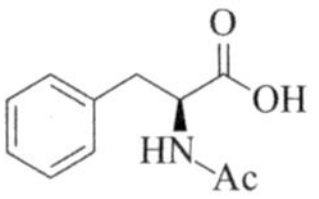 *N*-Ac-L-Phenylalanine	>98% (*S*)	40%	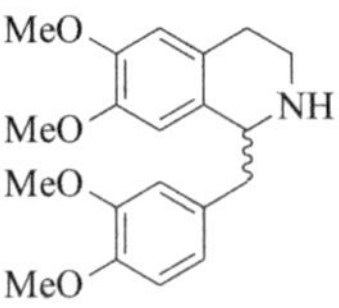 Norlaudanosine	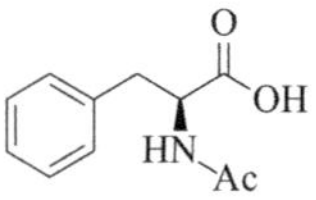 *N*-Ac-L-Phenylalanine	>98% (*S*)	38%

2.2.2　动力学拆分策略

根据国际纯粹与应用化学联合会（IUPAC）推荐定义，动力学拆分（Kinetic resolution）是指在手性试剂（反应试剂、催化剂、溶剂等）作用下，利用其与外消旋体的一对对映异构体的反应速率的差异，使外消旋体部分或完全地拆分[16]。手性拆分试剂和一对对映异构体反应时，由于空间位阻等的匹配限制，使其和这对对映异构体中的一个异构体反应速率较快，从而使另一个异构体得到富集。如果在反应进行到某个特定阶段，这个没有发生反应的异构体的光学活性达到最高值，就起到了拆分的目的（图 2-8）。其拆分效果，则用立体选择因子 s 来表示，$s=k_R/k_S=\ln[(1-c)(1-ee_s)]/\ln[(1-c)(1+ee_s)]$（$k_R$ 为 R 构型原料与手性试剂反应速率、k_S 则为 S 构型原料与手性试剂反应速率；c 为反应的转化率，ee_s 为 S 构型产物的对映选择性）。立体选择因子数值越高，则拆分效果越好。同样受方法本身限制，动力学拆分最高理论收率只有 50%，易造成手性资源浪费。

(*R*/*S*)-A Racemate: (*R*)-A + R* $\xrightarrow{k_R}$ P*; (*S*)-A + R* $\xrightarrow{k_S}$ *ent*-P*

$k_R \gg k_S$　(*R*/*S*)-A (Racemate) + R* ⟶ P* + (*S*)-A ((*S*)-Enantiomer)

图 2-8　动力学拆分策略

酰化试剂通常具有高反应活性，因此 N-酰化拆分反应具有较强的背景反应，并且需要在较低温度下进行。手性异羟肟酸作为一类新型的酰基转移试剂，在不对称催化领域具有潜在的应用价值。2011 年，Bode 课题组采用非手性氮杂环卡宾催化剂/手性异羟肟酸共催化，通过不对称酰基化反应，在室温条件下实现了C-1 位取代四氢异喹啉及 2-取代哌啶的催化动力学拆分，其立体选择因子可达 74（图 2-9）[17]。在该反应中，作者采用 α′ 位为易离去基团的 α,β-不饱和酮作为酰基化试剂，它不能与底物发生直接酰基化反应，也不能与异羟肟酸直接反应，从而有效地避免了背景反应。

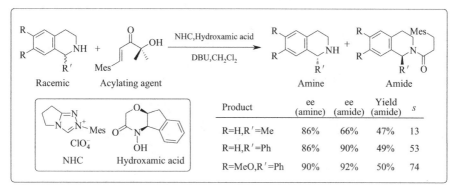

图 2-9　卡宾催化四氢异喹啉的酰基化动力学拆分

通过核磁监测反应，发现异羟肟酸与酰化试剂可在几分钟之内快速形成活性酰化试剂中间体Ⅲ。因此，作者认为该反应包括两个独立的催化循环（图 2-10）：首先，氮杂环卡宾催化剂与酰化试剂反应，一分子丙酮离去，形成中间体Ⅰ；随后经 β-质子化及烯醇-酮式互变异构，形成酰基化试剂中间体Ⅱ；酰基化试剂中间体可与水、醇、硫醇快速反应，但不能与胺反应；因此，中间体Ⅱ与手性异羟肟酸发生酰基化反应，进一步形成活性酰基化试剂中间体Ⅲ；最后，中间体Ⅲ与四氢异喹啉发生 N-酰基化反应。反应的立体选择性

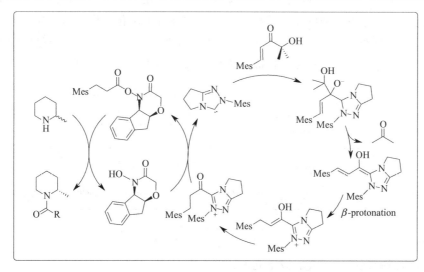

图 2-10　卡宾催化四氢异喹啉的酰基化动力学拆分反应机理

（文献来源：*J. Am. Chem. Soc.* **2011**，*133*：19698-19701）

则通过活性酰基化试剂中间体Ⅲ来控制。

　　山东大学刘磊课题组报道了手性Fe/Salan催化二氢啡啶的有氧脱氢动力学拆分（图2-11)[18]。在该反应中，采用手性Salan为配体，α-取代二氢啡啶外消旋体为原料，空气为氧化剂，萘酚为添加剂，实现了一系列二氢啡啶的高对映选择性合成，其立体选择因子最高值为91.3。这为α-取代二氢啡啶的对映选择性合成提供了一条原子经济性高且环境友好的策略。

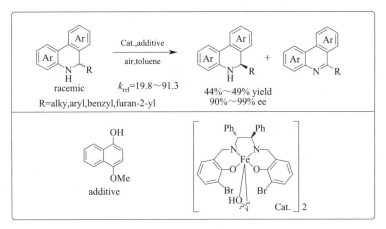

图2-11　手性Fe/Salan催化二氢啡啶的有氧脱氢动力学拆分

2.2.3　手性四氢异喹啉的消旋化反应

　　化学拆分，包括经典化学拆分和动力学拆分，受其方法本身限制，其最高理论收率只有50%。尤其是经典化学拆分，作为目前工业生产中手性四氢异喹啉化合物最主要的生产方式，易造成大量手性资源的浪费。为提高利用率，化学家们通常将拆分所得非目标构型的产物进一步转化为外消旋体，即将对映异构体进行消旋化反应。从而使手性资源得以循环利用，使其理论循环收率可达100%。因此，手性四氢异喹啉的消旋化反应在工业上具有重要的应用价值，很大程度上提高了手性资源的利用率（图2-12)。

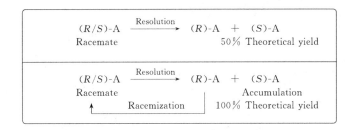

图2-12　动力学拆分与手性化合物的消旋化反应

手性胺的消旋化反应主要有以下几种：

1）酶催化的消旋化反应

酶催化反应选择性高，反应条件温和；但是酶只有在特定的温度及pH条件下，才具有活性，并具有高度立体选择性，一种酶往往只适用于某一特定结构底物的消旋化反应。2007 年，Blacker 课题组报道了以碳酸 3-甲氧基苯酚酯为酰基供体，皱褶假丝酵母脂肪酶（Candida antarctica lipase，CRL）/过渡金属铱催化的 6,7-甲氧基-1-甲基-1,2,3,4-四氢异喹啉的动态动力学拆分反应（图 2-13）[19]。通过过渡金属铱催化手性四氢异喹啉的消旋化反应和脂肪酶催化的不对称酰基化反应，以 82% 的收率及 96% 的对映选择性得到 (R)-6,7-甲氧基-1-甲基-2-酯基-1,2,3,4-四氢异喹啉。该反应成功的关键在于 [Cp*IrI₂]₂ 催化手性 C-1 位取代四氢异喹啉的快速消旋化过程。研究发现，采用 [Cp*IrI₂]₂ 为催化剂，C-1 位为烷基或芳基底物均可实现消旋化反应。底物结构不同，其消旋化反应的半衰期则不同。当 6,7-甲氧基-1-甲基-2-酯基-1,2,3,4-四氢异喹啉发生消旋化反应时，其消旋化半衰期只有 45min；当 C-1 位苯基取代时，其消旋化反应的半衰期略有增长，为 220min。改变芳环的电子效应时，其消旋化反应的半衰期也发生改变。消旋化反应的半衰期与底物的位阻效应和电子效应密切相关。

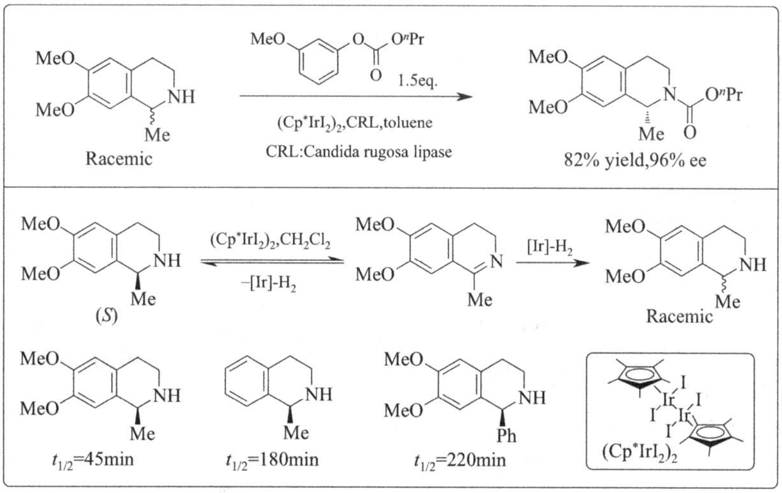

图 2-13　生物酶催化四氢异喹啉的消旋化

2）无机碱催化的直接消旋化反应

施小新课题组通过在强碱性条件下，拔除 C-1 位质子，使得 1-芳基四氢异喹啉直接发生消旋化反应（图 2-14）[20]。通过该方法可以使得 R 构型或 S 构型四氢异喹啉转化为四氢异喹啉外消旋混合物，进而通过手性拆分进一步转化为目标构型产物。但该策略不适用于 C-1 位为烷基取代底物的消旋化反应。

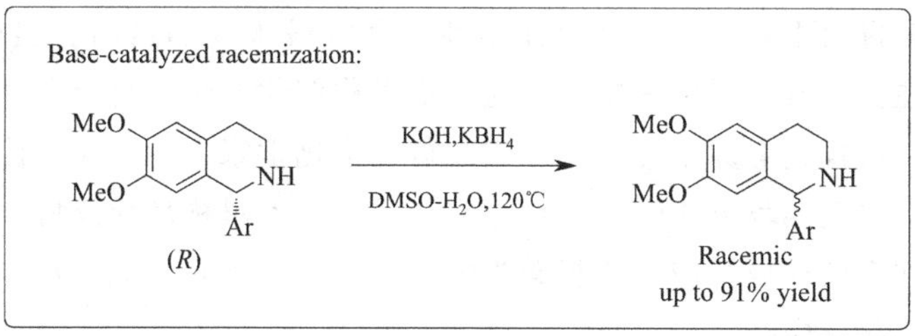

图 2-14　无机碱催化四氢异喹啉的消旋化

3）氧化-还原消旋化反应

通过氧化-还原策略实现手性胺的消旋化反应是最常见的一种策略。其过程如下：手性四氢异喹啉在氧化条件下，先氧化为潜手性亚胺中间体，随后再经还原试剂转化为四氢异喹啉外消旋混合物。值得一提的是，Pallavicini 小组和施小新课题组分别采用三氯异氰尿酸（TCCA，Trichloroisocyanuric acid）和次氯酸钠作为卤化剂，通过一锅法实现了手性四氢异喹啉的消旋化反应（图 2-15）[21]。首先，将 1-取代四氢异喹啉转化为 N-氯-1-取代四氢异喹啉，随后脱除一分子氯化氢，转化为亚胺中间体，最后经硼氢化钠或硼氢化钾还原。该策略成功避免了强氧化剂的使用。

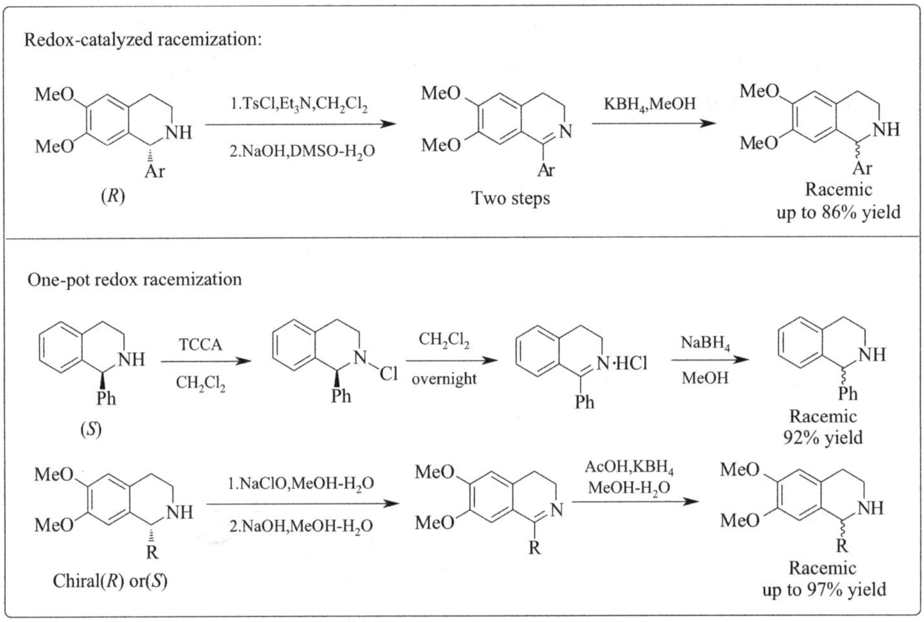

图 2-15　四氢异喹啉的氧化-还原消旋化

由于工业生产消耗量大，强碱或强氧化剂易腐蚀设备且给环境造成污染，同时给工业生产带来很多不便。因此，寻找更温和的氧化剂，探索更温和的反应条件进行消旋化反应，具有重要研究价值和意义。

2.3　不对称催化合成手性四氢异喹啉化合物

动力学拆分是目前工业生产中获得光学纯手性胺最主要的策略。但该方法只有 50% 的理论收率，往往会造成原料的浪费。而通过不对称催化方法来合成手性四氢异喹啉化合物，不仅效率高，而且具有原子经济性，因此得到了化学家们的广泛关注。目前，主要通过以下几种方法来实现四氢异喹啉的不对称催化合成：不对称环化反应、异喹啉骨架亚胺或亚胺盐的不对称亲核加成反应、四氢异喹啉的不对称交叉脱氢偶联反应、异喹啉或二氢异喹啉的不对称氢化反应等。

2.3.1　不对称环化反应

2.3.1.1　Pictet-Spengler 环化反应

Pictet-Spengler 环化反应是合成四氢异喹啉化合物最经典的有机人名反应之一。1911年，瑞士化学家 Amé Pictet 和 Theodor Spengler 经研究发现，在路易斯（Lewis）酸催化下，富电子 β-芳基乙胺或色胺与羰基化合物（醛或酮）发生环化反应，可生成四氢异喹啉或四氢-β-咔啉（图 2-16）[22]。后来，将该类型反应命名为 Pictet-Spengler 环化反应。Pictet-Spengler 环化反应通常包含两个过程：其一，是在酸催化下，β-芳基乙胺与羰基化合物作用，形成亚胺离子中间体；其二，是芳环的曼尼希亲电取代反应过程。这种方法通常要求在 2-芳基乙胺中引入富电子基团，以保证环化反应的顺利进行。Pictet-Spengler 环化反应是合成四氢异喹啉生物碱和 β-咔啉衍生物最有效的策略之一。

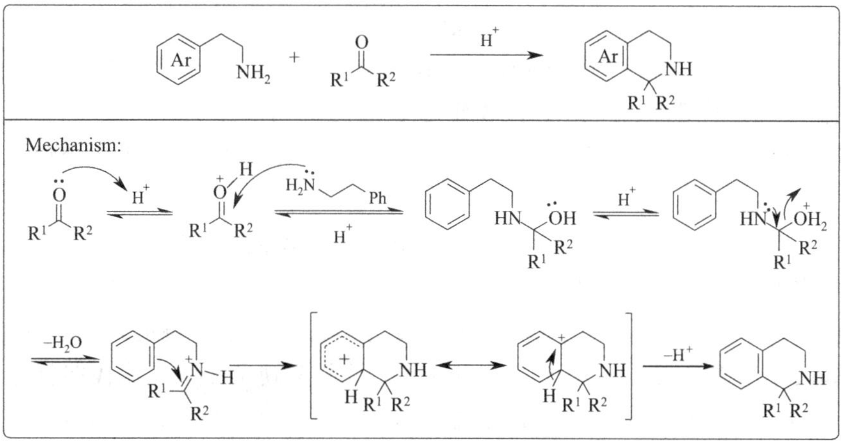

图 2-16　Pictet-Spengler 环化反应机理

以 β-苯乙胺为例，其反应机理如下所示：β-芳基乙胺与醛或酮在酸催化下，经缩合反应脱除一分子水后，原位生成席夫碱中间体；随后，经分子内亲核加成环化-芳构化反应，进一步生成取代四氢异喹啉化合物。反应中所涉及的酸，通常是布朗斯特酸或路易斯酸。由于在环化过程中，β-芳基乙胺需对席夫碱中间体直接进行亲核加成，因此 Pictet-Spengler 环化反应通常适用于含富电子基团的 β-芳基乙胺底物，而对于吸电子基取代底物，则不能成环，构建四氢异喹啉骨架。

尽管 Pictet-Spengler 环化反应的研究已有百年的历史，但其不对称反应却鲜有报道。Pictet-Spengler 环化反应合成 C-1 位取代四氢异喹啉，主要通过两种策略实现。一种是 Lewis 酸催化体系，另一种则是生物酶催化体系（详见第 3 章）。2014 年，Hiemstra 小组以大位阻手性膦酸为催化剂，(S)-BINOL 为共催化剂，实现了 2-芳基乙胺与芳香醛或脂肪醛的不对称 Pictet-Spengler 环化反应，以最高 86% ee 值得到手性四氢异喹啉（图 2-17）[23]。其中，(S)-BINOL 的加入可以提高反应的对映选择性。该反应条件苛刻，底物适用范围较窄，要求 2-芳基乙胺中芳基为富电子芳环，且同时在氮原子上引入强吸电子基团，以增加底物的反应活性。

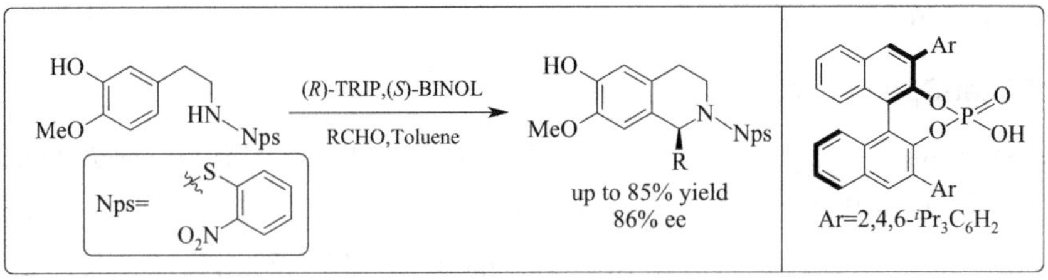

图 2-17　手性膦酸催化 Pictet-Spengler 环化反应

1-取代四氢异喹啉化合物在药物化学以及临床医学上的成功应用，引起了化学家们对四氢异喹啉化合物潜在生理活性的探索产生浓厚的兴趣，尤其是 C1 位季碳取代四氢异喹啉化合物。大量研究表明，C1 位季碳取代四氢异喹啉化合物具有丰富的生理活性，是一类潜在的重要的中枢神经系统类药物。因此，发展一些高效的方法来实现 C-1 位季碳取代四氢异喹啉化合物的合成具有重要研究价值和现实意义。

与 1-取代四氢异喹啉化合物合成研究的蓬勃发展不同，C-1 位季碳取代四氢异喹啉尽管同样具有丰富的生理活性，但其合成研究却未能得到广泛关注。通过经典的 Pictet-Spengler 环化反应合成四氢异喹啉骨架合成 C-1 位季碳取代四氢异喹啉化合物，是最直接且最有效的策略之一。

2002 年，Horiguchi 小组采用 Lewis 酸四异丙氧基钛催化，实现了 N-甲酰基-1,1-二取代四氢异喹啉的合成，并取得了最高 90% 的收率（图 2-18）[24]。随后，Hell 小组采用改性的酸性沸石 Ersorb-4 为催化剂，实现了 2-芳基乙胺与甲基酮的环化反应[25]。2010 年，Stambuli 小组则采用 Ca(HFIP)$_2$ 为催化剂，同样实现了 1,1-二取代四氢异喹啉的合成[26]。南开大学渠瑾教授小组以六氟异丙醇为溶剂，通过溶剂促进的 Pictet-Spengler 环化反应实现了季碳取代 β-四氢咔啉的合成，这对 C1 位季碳取代四氢异喹啉的合成具有很好的启发性[27]。

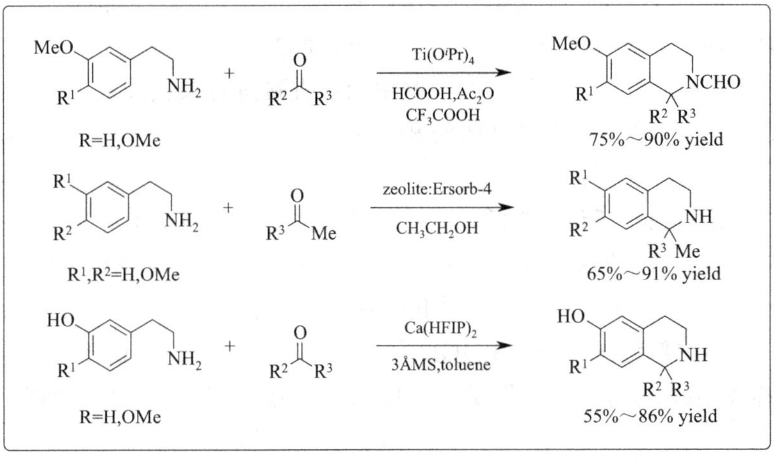

图 2-18　Pictet-Spengler 环化反应合成 C-1 位季碳取代四氢异喹啉

通过 Pictet-Spengler 环化反应合成 C1 位季碳取代四氢异喹啉具有一定的局限性：①该策略主要适用于富电子基取代芳环底物，而对于电中性及吸电子基取代 2-芳基乙胺底物反应，不能进行；②该策略目前只适用于外消旋体混合物的合成。

近年来，仿生合成策略合成手性四氢异喹啉化合物越来越受到重视。2019 年，Hailes 课题组报道了一例磷酸缓冲液仿生催化 2-芳基乙胺与酮的 Pictet-Spengler 环化反应，实现了一系列 1,1-二取代（螺手性）四氢异喹啉化合物的合成（图 2-19）[28]。反应中通过加入抗坏血酸钠抑制邻苯二酚（多巴胺）的氧化反应。该策略对于链状脂肪族酮、芳香酮、环状脂肪酮（包括环丁酮等具有环张力的酮）均具有普适性，但对于有较大位阻基团酮的 Pictet-Spengler 环化反应则仍具有挑战性。这为 C-1 位季碳取代四氢异喹啉的合成提供了一条新型、原子经济性、环境友好的途径。

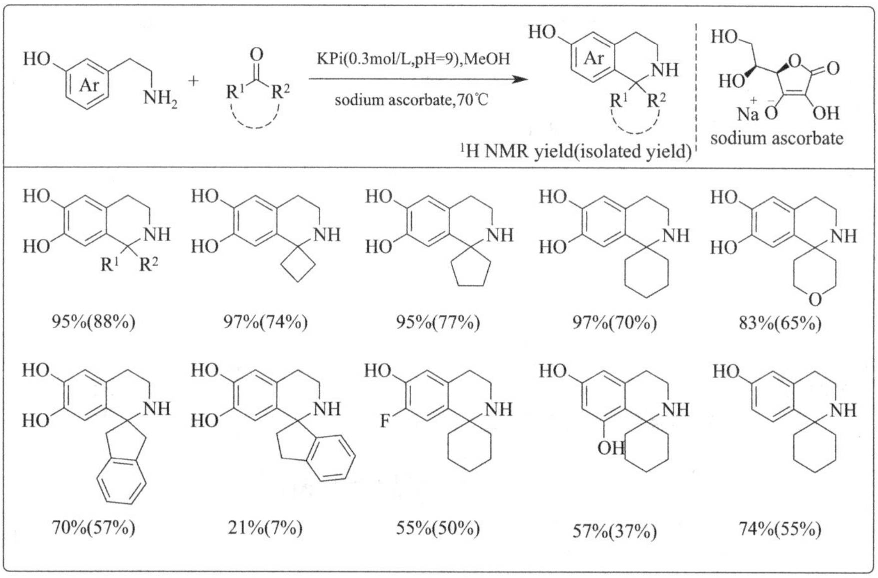

图 2-19　Pictet-Spengler 环化反应中的仿生合成策略

2.3.1.2　分子内氮杂迈克尔加成反应

分子内氮杂迈克尔加成反应是构建氮杂环骨架的一种重要手段。氮杂迈克尔加成反应是指以 α,β-不饱和醛、酮或酰胺等作为迈克尔受体，胺或酰胺作为迈克尔给体，在催化剂作用下发生 1,4-共轭加成反应（图 2-20）。在不对称氮杂迈克尔加成反应中，常用的催化剂包括有机小分子催化剂如手性胺、硫脲及方酰胺等，除此之外，金属催化剂如一价铜等也可以催化该类反应。在手性胺催化氮杂迈克尔加成反应中，迈克尔受体通过与手性胺催化剂形成亚胺离子或烯胺中间体进行活化，随后迈克尔给体进一步发生 1,4-共轭加成。而在手性硫脲及方酰胺催化体系中，则通过硫脲或方酰胺催化剂与迈克尔受体形成氢键来实现迈克尔受体的活化。

分子内氮杂迈克尔加成反应是构建异喹啉骨架化合物的策略之一（图 2-21）。2003 年，Ihara 小组采用手性胺为催化剂，通过分子内的氮杂迈克尔加成反应，实现

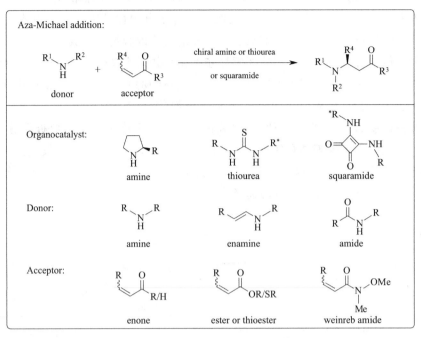

图 2-20　不对称氮杂迈克尔加成策略

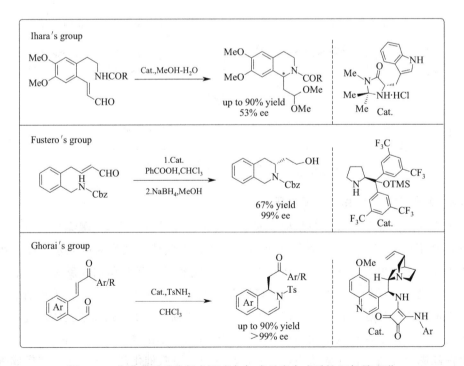

图 2-21　分子内不对称氮杂迈克尔加成反应合成手性四氢异喹啉

1-取代-1,2,3,4-四氢异喹啉的对映选择性合成,并取得中等的对映选择性[29]。而对于取代基 R 为强吸电子三氟甲基的酰胺,反应则不能顺利进行。这是由于酰胺取代基作为迈克尔给体，需要具有一定的亲核性。不仅如此，通过不对称环化策略实现手性四氢异喹啉的合成，通常需要在底物芳环中引入富电子基才能实现有效的关环。

2008 年，Fustero 小组报道了一种手性脯氨酸衍生物催化的氮杂迈克尔加成反应，成功地实现了 3-取代-四氢异喹啉的高对映选择性合成[30]。该催化体系同样适用于非富电子芳环底物的反应。

最近十年，双功能手性碱已经成功应用于许多不同类型的不对称反应。2018 年，Ghorai 课题组首次采用金鸡纳碱-方酰胺衍生物为手性双功能催化剂，通过分子内氮杂迈克尔加成，实现了 C-1 位取代二氢异喹啉的不对称合成[31]。该策略通过原位生成的烯胺中间体作为迈克尔给体，采用手性双功能金鸡纳碱-方酰胺作为催化剂，通过氢键作用活化迈克尔受体，经分子内氮杂迈克尔加成反应一步构建异喹啉骨架。其催化作用模式包括两个方面：一方面，催化剂中方酰胺结构中的两个氨基与烯酮的羰基通过氢键作用，形成七元环状过渡态；另一方面，金鸡纳碱片段中三级胺可作为强碱，拔除 Ts 取代基中质子，增强迈克尔给体的亲核性。该策略底物适用范围广，适用于 α,β-不饱和醛、酮、酯、硫酯、weinreb 酰胺等不同的迈克尔受体，并取得最高 90% 的收率和大于 99% 的对映选择性。

近年来，过渡金属/有机小分子协同催化体系得到了广泛关注和应用。2014 年，胡文浩课题组报道了一例过渡金属钌/手性膦酸协同催化的四组分一锅法反应，以最高 94% 的对映选择性得到手性四氢异喹啉化合物（图 2-22）[32]。反应中加入扁桃酸，可以有效地提高反应的对映选择性。作者认为反应过程如下，醛与芳香胺在手性膦酸作用下，形成亚胺离子/手性膦酸负离子的手性离子对；同时重氮化合物与钌、氨基甲酸苄酯作用形成钌配合物；随后钌配合物对亚胺盐进行亲核加成，随后在碱性条件下发生氮杂迈克尔加成实现环化，生成取代手性四氢异喹啉。

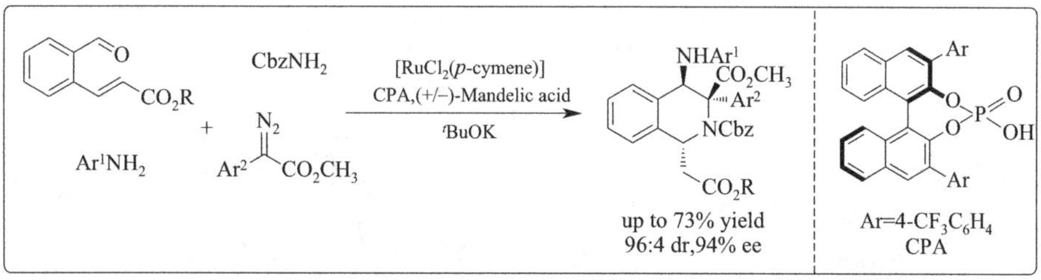

图 2-22 过渡金属钌/手性膦酸协同催化不对称氮杂迈克尔加成反应

2019 年，Singh 课题组报道了过渡金属 CuOTf/吡啶桥联双噁唑啉配体催化醛、芳香胺、炔烃的不对称亚胺化-炔基化-氮杂迈克尔加成串联反应（图 2-23）[33]。首先，芳香胺与醛缩合形成席夫碱，并在一价铜催化作用下，与端炔发生不对称亲核加成反应。随后，在碱性条件下，通过底物诱导作用，经分子内不对称氮杂迈克尔加成反应关环。当 $n=0$ 时，可以最高 92% 收率、9:1 dr 和 96% ee 值合成手性反式-1,3-二取代-吲哚啉；当 $n=1$ 时，则可实现反式-1,3-二取代-1,2,3,4-四氢异喹啉的高对映选择性合成，其收率为82%，ee 值为 96%。

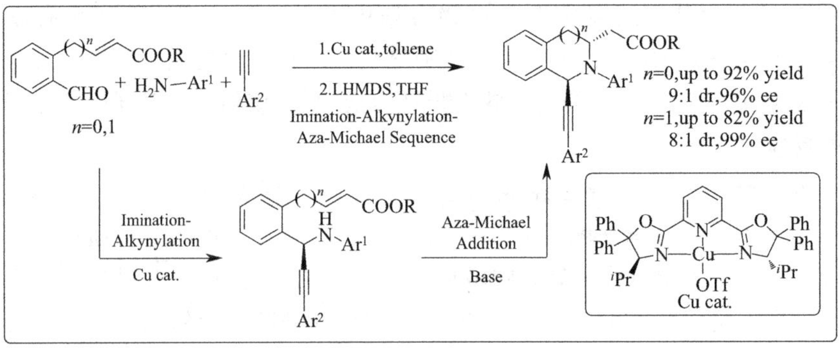

图 2-23　过渡金属铜催化不对称氮杂迈克尔加成串联反应

2.3.1.3　不对称烯丙基胺化

　　过渡金属催化不对称烯丙基胺化反应是合成有机胺化合物的一类重要反应。2003 年，Ito 和 Katsuki 小组通过钯催化的分子内的不对称烯丙基胺化反应，以最高 88% 的对映选择性得到手性四氢异喹啉（图 2-24）[34]。该策略对于氮上为三氟乙酰基底物，反应能够很好进行，是对 Ihara 小组报道策略的补充。随后，经过多步反应，成功地实现了手性 (R)-Carnegine 的合成。2011 年，Feringa 小组通过对催化体系的改进，以亚膦酰胺为手性配体，成功地实现了铱催化的分子内的不对称烯丙基胺化反应，高对映选择性地合成了手性四氢异喹啉[35]。此外，通过该策略也成功地实现了四氢吡咯、哌啶等化合物的高对映选择性合成。

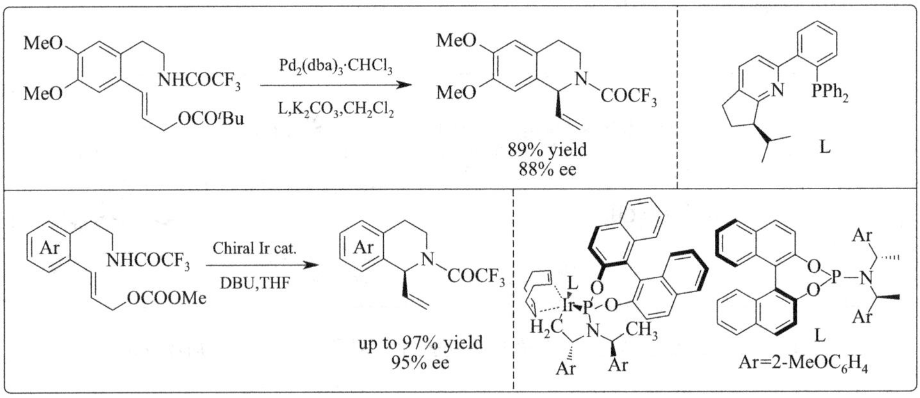

图 2-24　过渡金属催化分子内不对称烯丙基胺化反应

　　2007 年，Tomioka 小组以正丁基锂为金属前体，手性噁唑啉为配体，实现了分子内烯烃的不对称氢胺化，以 97% 的收率，84% 的 ee 值得到手性四氢异喹啉（图 2-25）[36]。向反应中加入二异丙基胺作为质子化试剂，可以使反应顺利进行。该文献中，只有一例底物的相关报道。

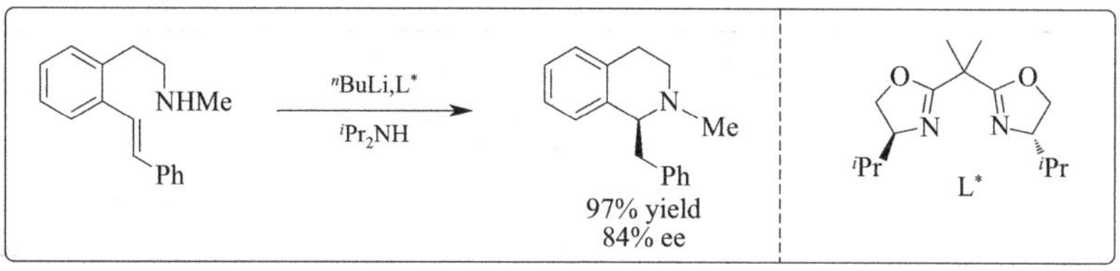

图 2-25　手性锂催化分子内不对称烯丙基胺化反应

2.3.1.4　不对称环加成反应

1,3-偶极环加成反应是一类经典的环加成反应，是构建环状骨架化合物的重要手段之一。偶氮甲碱亚胺（Azomethine imine）作为一类重要的 1,3-偶极子参与的环加成反应，在构建具有两个氮原子的杂环骨架中，也吸引了越来越多的有机化学家的关注（图 2-26）[37]。偶氮甲碱亚胺是一种具有两个氮原子的 4π 共轭结构 1,3-偶极子，具有两种共振结构，如图 2-26 所示。由于氮原子相对碳原子具有更高的电负性，因此其共振形式肼亚胺结构 **a** 较重氮结构 **b** 在化学反应过程中更为重要。由于其结构的特殊性，偶氮甲碱亚胺具有丰富的反应活性，可与不饱和双键、三键、环丙烯、环氧烷、氮杂环丙烷等发生 1,3-偶极环加成反应（［3+n］环加成反应），从而构建多元杂环骨架。环加成反应通常具有原子经济性高、环境友好等特点。

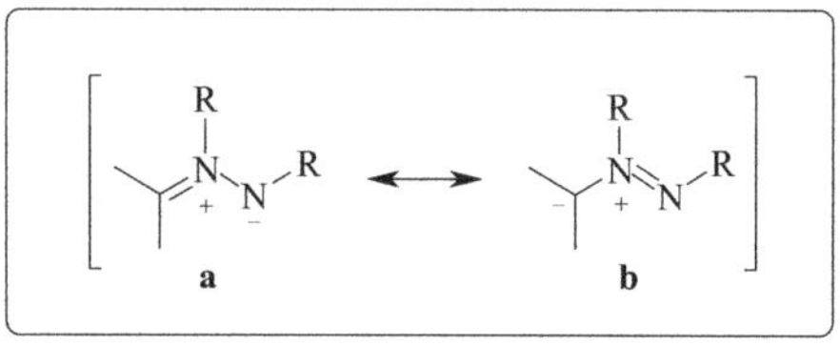

图 2-26　偶氮甲碱亚胺

C,N-环状偶氮甲碱亚胺是由日本的 Tamura 小组于 1973 年首次报道的，它在构建具有一个桥头氮原子及多个连续手性中心的多环骨架化合物中，具有重要的研究价值和应用价值[38]。作为一类高活性合成子，C,N-环状偶氮甲碱亚胺具有丰富的反应活性（图 2-27）。可与 α,β-不饱和醛、酮、亚胺、腈、乙烯基醚、联烯等发生 ［3+2］环加成反应，构建含两个氮原子的五元并六元双环化合物；与环丙烷、环丙烯、环氧乙烷、氮杂环丙烷、异腈等发生 ［3+3］环加成反应，构建六元并六元双环化合物；与 α-卤代肼亚胺化合物发生 ［3+4］环加成反应，构建五元并七元杂环化合物。

在过去十年中，C,N-环状偶氮甲碱亚胺作为一类重要的合成子，其不对称转化得到了广泛的应用。过渡金属催化剂及有机小分子催化剂是不对称合成中最常用的两类催化剂。过渡金属催化剂在催化反应中通常具有活性高、用量少且商业可得等特点。在经过几十年的发展，过渡金属催化缺电子烯烃，如 α,β-不饱和醛、酮、腈的 1,4-加成反应已经发展得非常成熟。以 C,N-环状偶氮甲碱亚胺作为 1,3-偶极子，与 α,β-不饱和醛、酮、腈发生 ［3+2］环加成反应，可得到一系列含有三个连续手性中心的五元并六元氮杂环化合物，因此得到了化学家的广泛关注（图 2-28）。

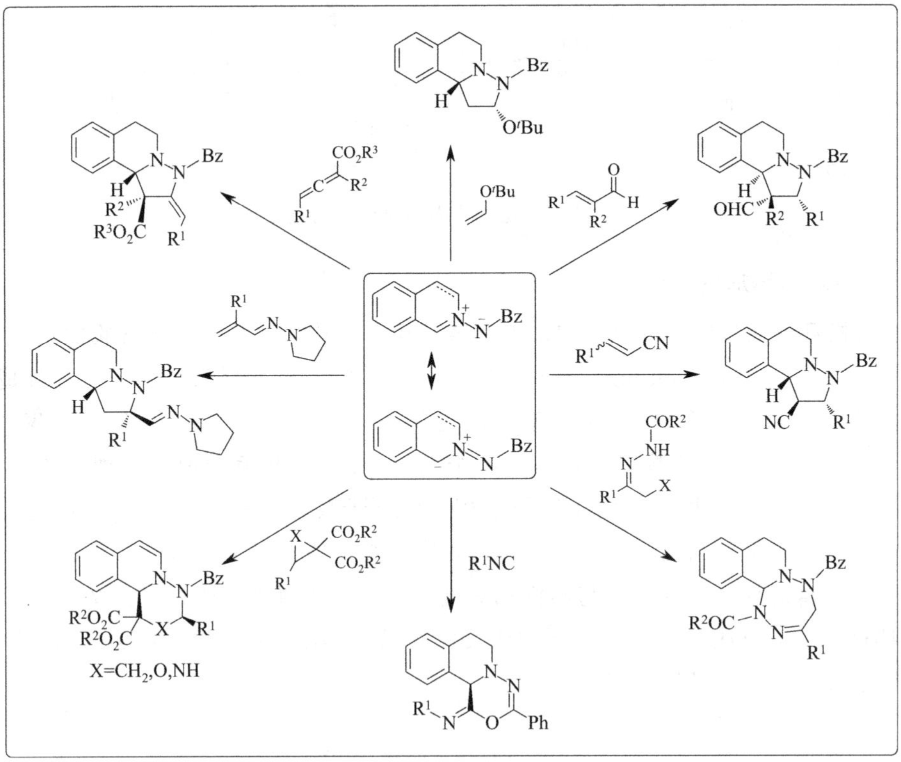

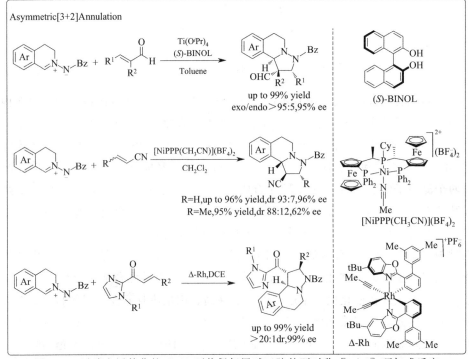

图 2-27　C，N-环状偶氮甲碱亚胺的不对称转化

图 2-28　过渡金属催化的 C,N-环状偶氮甲碱亚胺的不对称 [3+2] 环加成反应

2010 年，日本 Maruoka 小组以 C, N-环状偶氮甲碱亚胺作为 1,3-偶极子，采用过渡金属 Ti(Ⅳ)/(S)-BINOL 为手性催化剂，成功实现了 C, N-环状偶氮甲碱亚胺与 α, β-不饱和醛的不对称 [3+2] 环加成反应[39]。通过不对称 1,3-偶极环加成反应，以最高 99% 的收率及 95% 的对映选择性，得到一系列含有三个连续手性中心双环氮杂环化合物。2013 年，Togni 课题组报道了过渡金属镍催化的 C, N-环状偶氮甲碱亚胺与 α, β-不饱和腈的不对称 [3+2] 环加成反应[40]。反应中所用手性配体是含手性二茂铁结构的三膦配体，反应的对映选择性得到了很好的控制。2019 年，福建物质结构研究所康强研究员采用手性 Rh(Ⅲ) 催化剂，实现了一系列咪唑基取代的 α, β-不饱和酮的不对称 [3+2] 环加成反应[41]。反应中所采用手性 Rh(Ⅲ) 催化剂是由 Megger 课题组于 2015 年报道的，该催化剂以 Rh(Ⅲ) 为金属前体，非手性双噁唑和乙腈为配体，其手性中心位于过渡金属铑，对反应具有非常好的立体选择性[42]。

环丙基取代二羧酸酯化合物由于具有较大的环张力，因此容易发生开环反应，与酯基相连的三元环碳原子带有部分负电荷，环上其他碳原子则带有部分正电荷。环丙烷化合物的特殊结构，使得其具有发生环加成反应的可能性。2013 年，唐勇院士课题组采用 Ni(Ⅱ)/噁唑啉催化剂，实现 C, N-环状偶氮甲碱亚胺与二羧酸酯取代环丙烷的不对称 [3+3] 环加成反应 (图 2-29)[43]。该策略利用在催化剂的活性中心区域装载边臂以调控催化过程中立体/电子作用的协同效应，从而达到控制反应的立体选择性，即边臂效应。通过利用催化剂边臂中配位原子氮与金属原子配位，从而调整催化剂的电子效应和催化中心的微环境，进而达到改变反应活性及立体选择性的目的；不仅如此，边臂基团可以增加催化剂的空间位阻；研究发现，更为重要的是，边臂基团可与底物之间通过 π-π 堆积作用，更好地实现反应立体选择性的控制。该反应可通过 1,3-偶极环加成反应，合成一系列具有一个桥头氮原子的六元并六元稠环化合物，且所得产物均为顺式结构。该反应同样可用于环丙基取代二羧酸酯的动力学拆分。

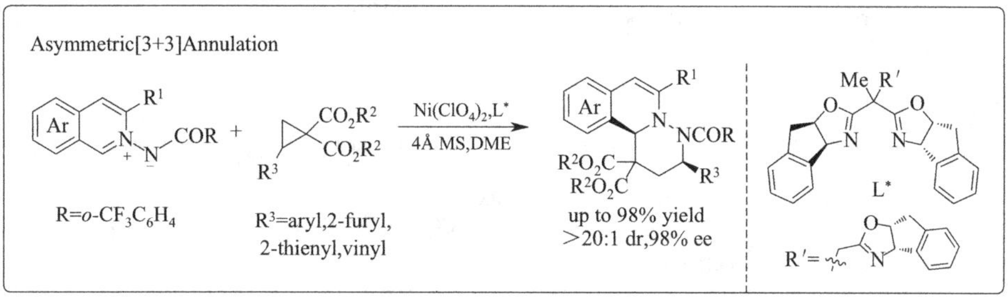

图 2-29 镍催化的 C, N-环状偶氮甲碱亚胺的不对称 [3+3] 环加成反应

2018 年，中山大学蒋先兴教授首次报道了铜/氮杂环卡宾（NHC）催化的炔氨基甲酸酯与 C, N-环状偶氮甲碱亚胺的不对称脱羧 [4+3] 环加成反应 (图 2-30)[44]。通过该反应合成了一系列包含三个手性中心的具有光学活性的四氢异喹啉并三氮杂卓化合物，并取得最高 95% 对映选择性。首先，炔氨基甲酸酯化合物在有机碱作用下，原位形成氮杂邻亚甲基苯醌；随后，在 Cu/NHC 催化剂作用下形成亚烯基铜中间体与 C, N-环状偶氮甲碱亚胺发生不对称 [4+3] 环加成反应。

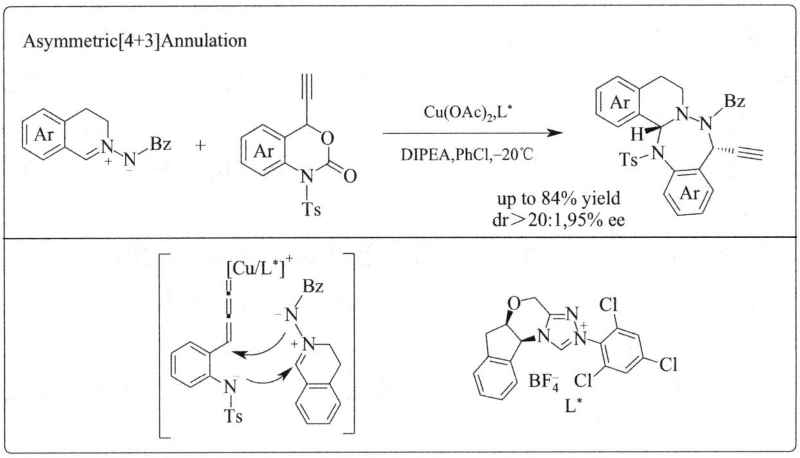

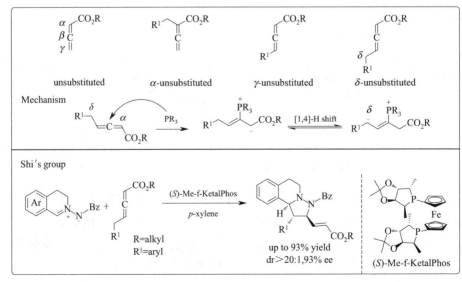

图 2-30　铜催化的 C,N-环状偶氮甲碱亚胺的不对称脱羧 [4+3] 环加成反应

　　金属催化剂，尤其是过渡金属催化剂具有价格昂贵、空气及水敏感、易产生环境污染和不易回收的特点，这使得有机小分子催化不对称反应越来越受到化学家们的青睐。相对于金属催化剂而言，有机小分子催化剂具有结构类型丰富、结构可调控（空间效应及电子效应可调控）、易制备、价格低廉、稳定性强、环境友好等优点。常见的有机小分子催化剂包括手性膦、手性膦酸、手性胺、氨基酸、硫脲等。

　　手性膦催化剂作为一种 Lewis 碱催化剂，是构建官能化的手性分子的重要策略。手性膦催化剂主要包括中心手性催化剂、轴手性催化剂、平面手性催化剂、螺手性膦催化剂。联烯酸酯是一类含有 1,2-累积二烯官能团的化合物。根据取代基位置的不同，可分为非取代联烯酸酯、α-取代联烯酸酯、γ-取代联烯酸酯、δ-取代联烯酸酯。有机膦催化剂可对缺电子联烯酸酯进行亲核加成，形成的内鎓盐是环加成反应的重要中间体。

图 2-31　手性膦催化的 C,N-环状偶氮甲碱亚胺的不对称 [3+2] 环加成反应

以 δ-取代联烯酸酯为例，与有机膦发生亲核取代反应形成内鎓盐，若不发生氢迁移，则形成 [1,3]-内鎓盐；若经五元环状过渡态发生 [1,4] 氢迁移，则形成 [1,4]-内鎓盐（图 2-31）。

2014 年，上海有机化学研究所施敏研究员报道了一例二茂铁骨架手性膦催化的 C,N-环状偶氮甲碱亚胺与 γ-芳基联烯酸酯的不对称 [3＋2] 环加成反应，实现了一系列具有三个连续手性中心的四氢异喹啉骨架化合物的高对映选择性合成[45]。其反应过程如下：δ-芳基联烯酸酯在手性膦催化下，形成手性 [1,4]-内鎓盐（即 [1,4]-偶极子）。联烯酸酯中 δ 位碳负离子对 C,N-环状偶氮甲碱亚胺进行亲核加成，而氮负离子则对 γ-位进行加成，完成 [3＋2] 环加成反应。

Morita-Baylis-Hillman（MBH）碳酸酯是一种包含易离去基团的烯丙基碳酸酯，在亲核膦催化下，可形成烯丙基膦盐中间体参与环加成反应。2015 年，中国农业大学郭红超课题组采用螺手性膦催化剂，成功实现了 C,N-环状偶氮甲碱亚胺与 MBH 碳酸酯的高对映选择性 [3＋3] 环加成反应（图 2-32）[46]。该策略主要适用于对甲苯磺酰基保护的偶氮甲碱亚胺，但所得产物均可以取得 98% 及以上的对映选择性。

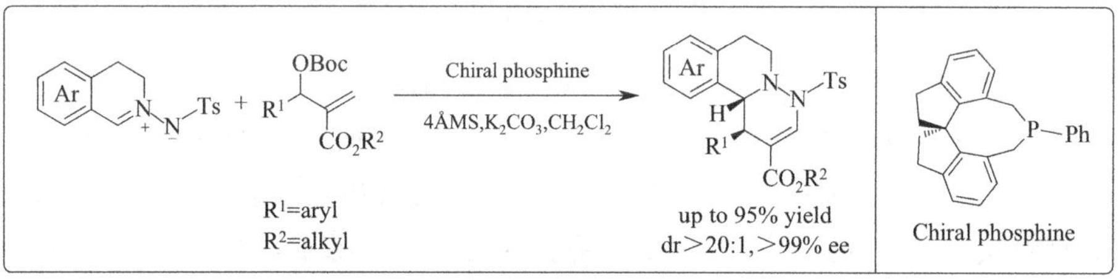

图 2-32　手性膦催化的 C,N-环状偶氮甲碱亚胺的不对称 [3＋3] 环加成反应

C,N-环状偶氮甲碱亚胺作为一类重要的 [1,3]-偶极子，不仅可与缺电子烯烃发生 [3＋2] 环加成，同样也可以与富电子烯烃发生 [3＋2] 环加成反应。缺电子烯烃，由于缺电子基团的强吸电子作用使碳碳双键靠近吸电子基一端带有部分负电荷，并作为亲核位点进攻四氢异喹啉的 C-1 位；而富电子烯烃，则电子效应相反，远离给电子基团一侧带有部分负电荷，可作为亲核进攻位点，因此得到完全不同构型产物（图 2-33）。这种利用取代基的诱导效应所产生完全相反的电子效应，而导致产物结构不同的策略，被称为偶极翻转策略。

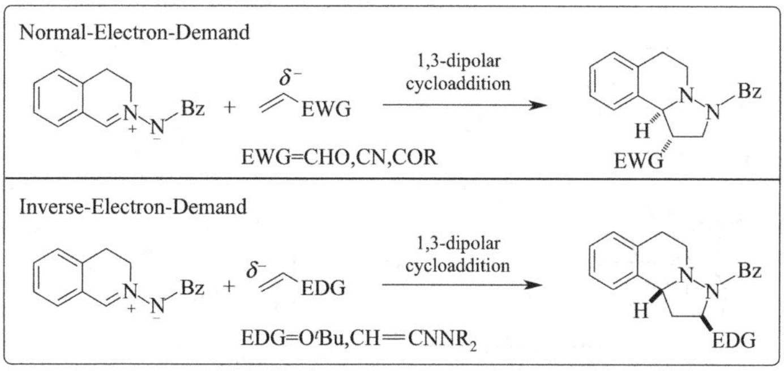

图 2-33　C,N-环状偶氮甲碱亚胺的偶极翻转策略

2011 年，Maruoka 课题组采用偶极翻转策略，将手性联萘二羧酸催化剂应用于 C,N-环状偶氮甲碱亚胺的不对称 1,3-偶极环加成反应（图 2-34）[47]。偶氮甲碱亚胺与乙烯基醚发生不对称 [3+2] 环加成反应，以最高 95% 的对映选择性得到四氢异喹啉骨架稠环化合物；偶氮甲碱亚胺与 α,β-不饱和亚胺反应，合成一系列具有桥头氮原子的六元并五元稠环化合物。

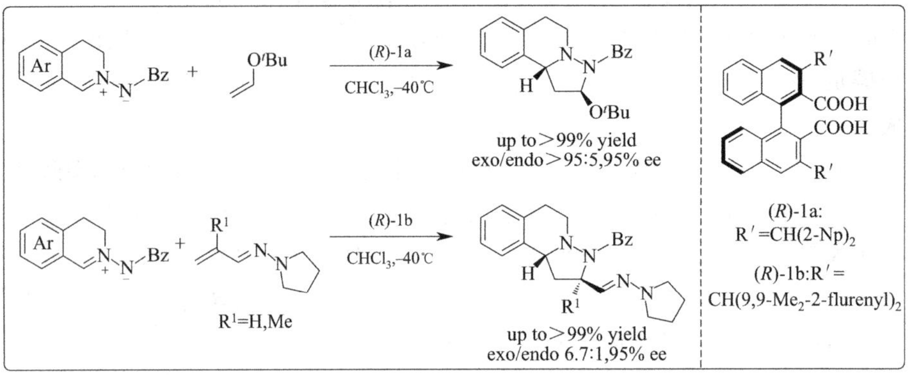

图 2-34　手性二酸催化 C,N-环状偶氮甲碱亚胺的偶极翻转环加成反应

手性脯氨酸及其衍生物作为一类重要的有机胺催化剂，在不对称催化领域取得了重要研究进展。2014 年，汪舰教授课题组首次报道了手性胺催化的 C,N-环状偶氮甲碱亚胺与烯胺的不对称 [3+2] 环加成反应（图 2-35）[48]。通过采用脯氨酸衍生手性胺为催化剂，以最高 99% 对映选择性得到 C-1 位加成产物。其反应过程如下：首先，手性胺催化剂与含有 α-H 醛在布朗斯特酸催化下，发生缩合反应形成亚胺离子；酸性条件下，易发生亚胺离子-烯胺互变异构；烯胺作为富电子烯烃，与 C,N-环状偶氮甲碱亚胺，在催化剂的手性调控作用下发生偶极翻转的不对称 [3+2] 环加成反应；在布朗斯特酸作用下，催化剂循环再生；所得五元环状产物则通过硼氢化钠还原发生开环反应，得到更稳定的 C-1 位取代四氢异喹啉化合物。

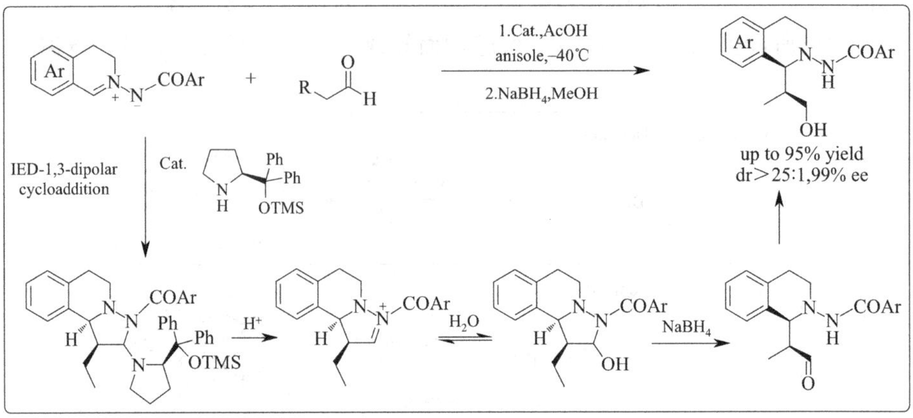

图 2-35　手性胺催化 C,N-环状偶氮甲碱亚胺的偶极翻转环加成反应

2017 年，兰州大学王锐课题组报道了 C,N-环状偶氮甲碱亚胺与 3-硝基吲哚的[1,3]-偶极环加成反应，高活性高非对映选择性地合成了五元环稠合四氢异喹啉骨架化合物（图 2-36）[49]。该反应无需加入任何催化剂，操作简便，反应条件温和，底物适用范围广，且具有高原子经济性。此外，C,N-环状偶氮甲碱亚胺可与亚甲基吲哚酮发生 [3+2] 环加成反应，合成具有螺手性的五元环稠合四氢异喹啉化合物。或与 α,β-不饱和内酯通过 [1,3]-偶极环加成反应，合成多环螺手性四氢异喹啉化合物。该反应所涉及的不饱和碳碳双键均与强吸电子基团连接，具有非常好的反应活性，因此可在无催化剂条件下进行反应。该反应所得产物为外消旋体混合物，在后续研究中可通过降低反应温度，采用过渡金属或有机小分子催化剂尝试其不对称版本的合成。

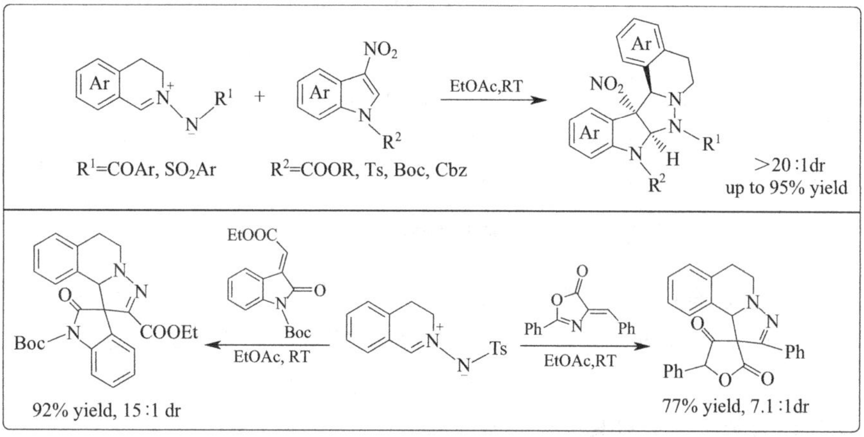

图 2-36　底物促进的 C,N-环状偶氮甲碱亚胺的偶极翻转环加成反应

2.3.2　不对称亲核加成反应

异喹啉骨架的亚胺盐，由于具有较高反应活性，它可以与亲核试剂发生亲核加成反应得到取代四氢异喹啉。2006 年，Schreiber 小组采用 CuBr 为催化剂，(R)-QUINAP 为手性配体，实现了炔对异喹啉骨架亚胺盐的直接不对称亲核加成反应，并取得了最高 99% 的 ee 值（图 2-37）[50]。

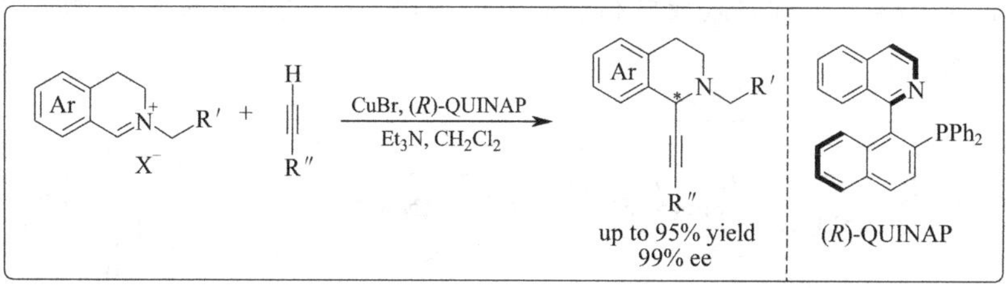

图 2-37　溴化亚铜催化亚胺盐的炔烃加成反应

由于异喹啉及非活化二氢异喹啉化合物反应活性较低，为了实现其不对称亲核加成反应，化学家们通常将亚胺先转化为活性中间体亚胺盐，随后再发生亲核加成反应。2005 年，Jacobsen 课题组通过底物活化策略，成功实现了手性胺基硫脲催化的烯基硅醚对异喹

啉的不对称亲核加成反应（图 2-38）[51]。通过采用氯甲酸三氯乙酯为活化剂，将其转化为高活性异喹啉盐中间体，使其具有更强的亲电性，增加底物的亲电活性。作者首次提出了离子键催化剂（Ion bonding catalyst）的有机催化概念。手性硫脲催化剂作为氯离子的受体，与氯负离子通过氢键形成手性阴离子催化剂，并与底物通过静电作用形成离子键，即形成紧密离子对，使底物具有更强的亲电性，从而实现对反应对映选择性的有效控制。离子对形成的同时也可以进一步增加底物的溶解性。

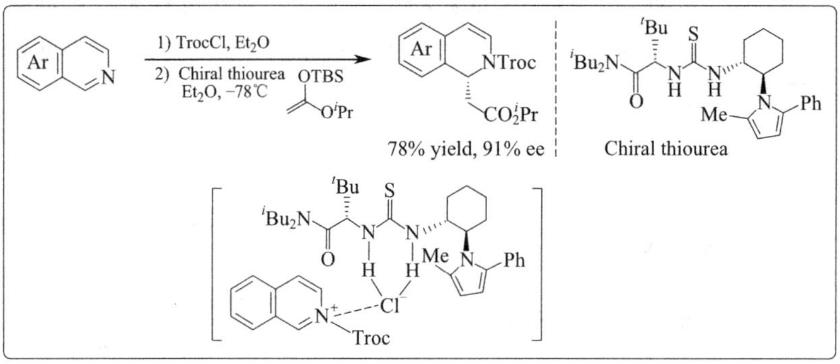

图 2-38　硫脲催化异喹啉的亲核加成反应

2006 年，日本的 Sodeoka 小组采用 Pd/P-P 催化体系，实现了丙二酸酯对二氢异喹啉的不对称亲核加成反应（图 2-39）[52]。反应机理研究认为，亚胺首先与（Boc)$_2$O 反应，得到加成产物，随后在钯催化剂作用下发生进一步脱羧及脱叔丁醇，得到亚胺盐中间体，最后丙二酸酯作为亲核试剂对其进行亲核进攻。

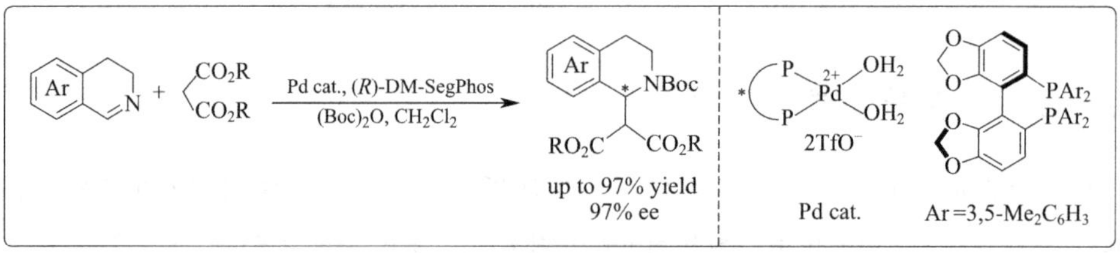

图 2-39　钯催化亚胺的亲核加成反应

2012 年，Todd 小组首次利用双功能硫脲催化剂，通过双活化策略，实现了硝基甲烷和非活化二氢异喹啉的不对称氮杂亨利反应，以最高 84％的收率及 66％的 ee 值得到手性四氢异喹啉（图 2-40）[53]。

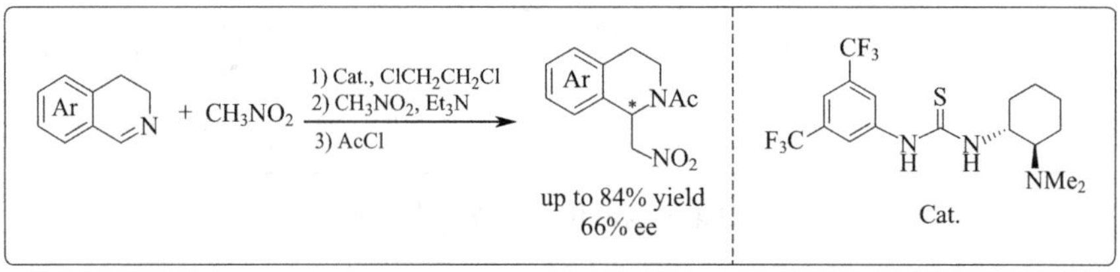

图 2-40　双功能硫脲催化亚胺的亲核加成反应

2013 年，Yu 小组通过碘化亚铜催化的四氢异喹啉、醛和炔的三组分反应，实现了 1-

取代-1，2，3，4-四氢异喹啉的合成（图 2-41）[54]。由于反应体系中的三组分分别由胺（Amine）、醛（Aldehyde）、炔烃（Alkyne）组成，该反应又被称为 A³ 反应。其反应过程如下：四氢异喹啉与醛反应首先形成环外亚胺盐，随后在酸性条件下异构化为更为稳定的环内亚胺盐，接着炔酮对其进行亲核进攻，得到消旋的 1-取代-1,2,3,4-四氢异喹啉化合物。反应的关键在于布朗斯特酸的加入，它对亚胺盐的异构化及反应区域选择性有重要的影响。2014 年，Ma 小组以 (R,R)-N-pinap 作为手性配体，实现了该反应的高活性、高区域选择性及高对映选择性合成[55]。这是炔烃对二氢异喹啉及其亚胺盐的不对称加成策略的进一步升华，为手性四氢异喹啉的合成提供了一条新的途径。

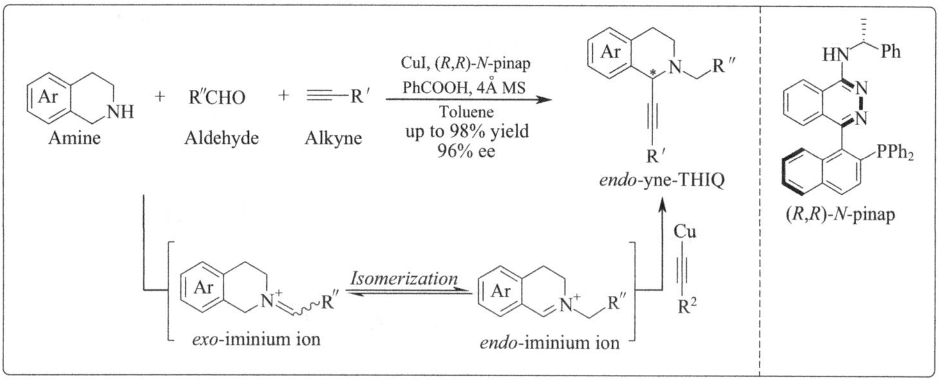

图 2-41　碘化亚铜催化四氢异喹啉的 A³ 反应

C,N-环状偶氮甲碱亚胺作为一类重要的 1，3-偶极子，是环加成反应的重要中间体，通常与碳碳不饱和键发生[1,3]-偶极环加成反应。C,N-环状偶氮甲碱亚胺同时也是一种内鎓盐，也可与不同的亲核试剂发生直接亲核加成反应（图 2-42）。

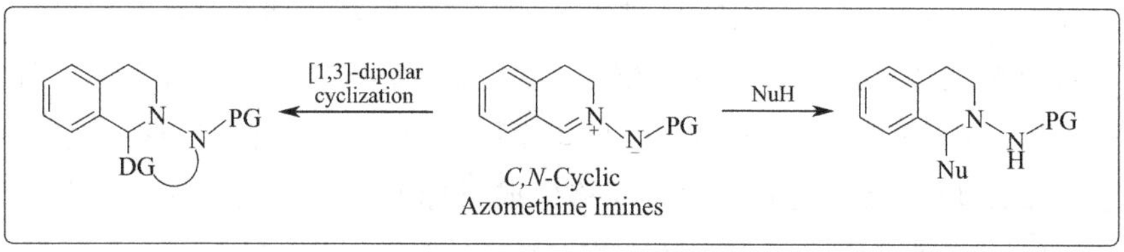

图 2-42　C,N-环状偶氮甲碱亚胺的亲核加成反应

2011 年，Maruoka 课题组研究发现，醋酸亚铜/吡啶桥联双噁唑啉配体可催化炔烃对 C,N-环状偶氮甲碱亚胺的不对称亲核加成反应，而不再发生 [3＋2] 环加成反应（图 2-43）[56]。该反应可取得最高 99％的收率和 94％的对映选择性。将该方法用于 C-1 位烷基取代 C,N-环状偶氮甲碱亚胺的不对称炔烃加成反应时，反应具有非常好的活性，但只有中等的对映选择性。

反应机理显示，反应中原位产生的醋酸，会使偶氮甲碱亚胺质子化，因此若向反应中加入手性质子酸，可影响反应的对映选择性（图 2-44）。当向反应中加入手性联萘二羧酸 [(R)-Acid] 时，反应的对映选择性显著提高，最终以最高 95％的对映选择性实现 C-1 位季碳取代四氢异喹啉的合成。

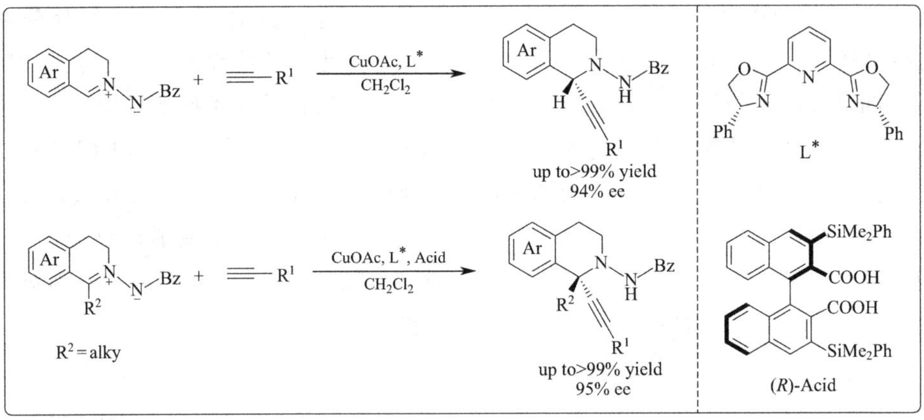

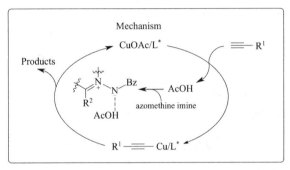

图 2-43 醋酸亚铜催化 C,N-环状偶氮甲碱亚胺的炔烃环加成反应

图 2-44 醋酸亚铜催化 C,N-环状偶氮甲碱亚胺的炔烃环加成反应机理

（ref：Angew. Chem. Int. Ed. 2011，50，8952-8955）

2017 年，Wang & Yang 课题组报道了醋酸镍/手性二胺催化 α-异氰酸酯对 C,N-环状偶氮甲碱亚胺的不对称亲核加成反应（图 2-45）[57]。α-异氰酸酯是含有强吸电子基团的化合物，其 α-H 具有较强的酸性，易发生酮式-烯醇式互变异构。异氰酸酯是一种具有内铵盐结构的化合物，具有较强的亲核性，可与偶氮甲碱亚胺发生直接亲核加成反应。随后，经分子内亲核加成-环化反应及分子内氢迁移生成目标产物。过渡金属催化剂镍可与底物中的氧原子配位，实现对反应立体选择性的控制。

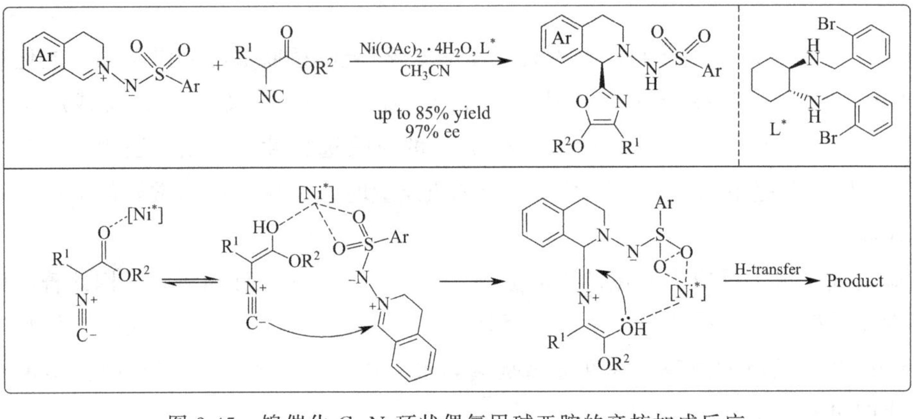

图 2-45 镍催化 C,N-环状偶氮甲碱亚胺的亲核加成反应

2019 年，中山大学邱晃课题组报道了过渡金属铑催化胺、重氮化合物、偶氮甲碱亚胺的三组分反应，实现了 C-1 位取代四氢异喹啉的非对映选择性合成（图 2-46）[58]。重氮化合物在过渡金属铑催化下，形成具有反应活性的质子性叶立德，随后与 *C*,*N*-环状偶氮甲碱亚胺发生亲核加成反应。该策略底物适用范围广，对于二级胺及三级胺化合物均有普适性。此外，该课题组同样尝试了过渡金属铑/手性膦酸共催化的不对称三组分反应，实现了 C-1 位取代四氢异喹啉的手性合成。在该反应中，同时存在着重氮对偶氮甲碱亚胺的直接亲核加成副反应，同时以 44%收率，74∶26 dr，66%对映选择性得到目标产物。

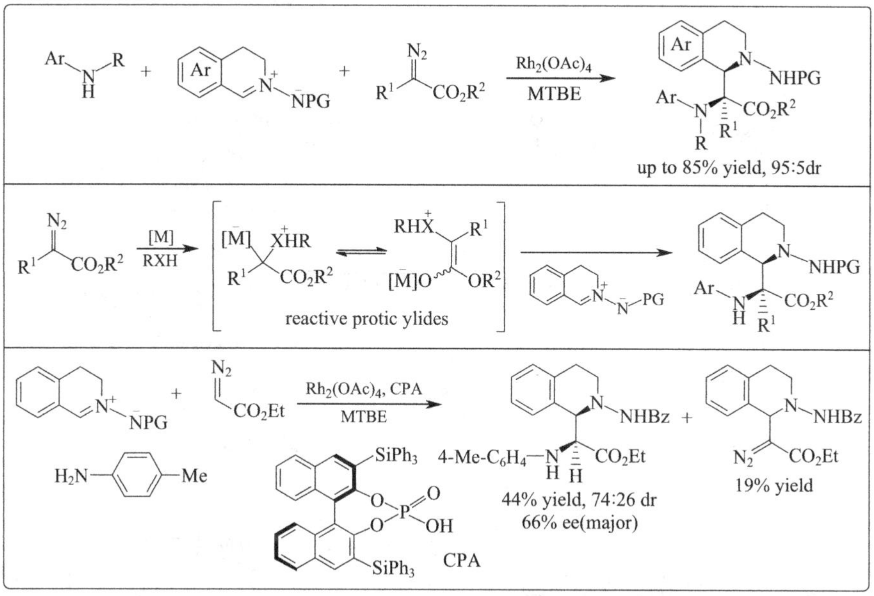

图 2-46　铑催化 *C*,*N*-环状偶氮甲碱亚胺的亲核加成反应

2010 年，Seto 小组采用手性乙二胺为配体，实现了手性芳基锌试剂对 3,4-二氢异喹啉氮氧化物（硝酮）的不对称亲核加成反应（图 2-47）[59]。该反应以芳基硼酸或硼酸酯为原料，通过转金属化反应，原位制备手性芳基锌试剂。此外，反应中若加入催化量的手性配体，则反应的对映选择性明显下降，因此需加入适当量的手性二胺配体。该策略成功地应用于索非那新的对映选择性合成。

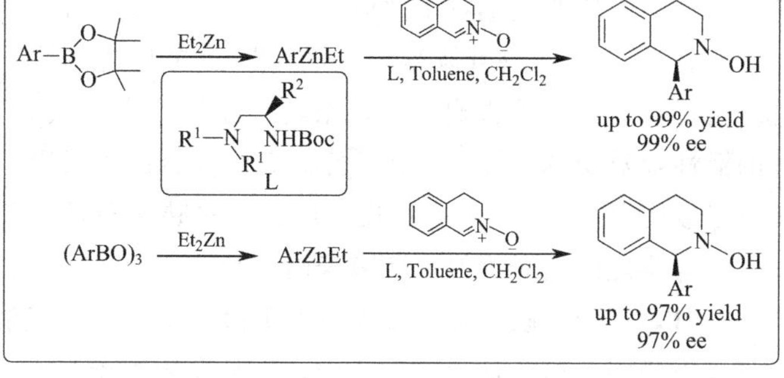

图 2-47　手性芳基锌试剂对 3,4-二氢异喹啉氮氧化物的不对称亲核加成反应

2000 年，Shibasaki 课题组报道了手性双功能铝催化剂催化喹啉及 3-甲基异喹啉的不对称 Reissert 反应，成功实现了 N-酰基-2-氰基二氢喹啉及 N-酰基-1-氰基-3-甲基二氢异喹啉的对映选择性合成（图 2-48）[60]。反应中所采用的手性双功能铝催化剂结构如图 2-48 所示，中心金属铝离子通过共价键与联萘酚作用。其中，铝离子作为路易斯酸位点，联萘酚骨架中引入的膦氧基团作为路易斯碱位点，二者协同作用实现催化。催化剂与底物的作用模式如下：中心金属铝作为路易斯酸位点与底物中酰基配位，而配体中膦氧基团则与亲核试剂 TMSCN 中硅原子形成硅氧键。在手性联萘骨架的立体选择性控制下，亲核试剂从位阻较小的一侧进攻，即 s-trans 面进攻，实现二氢喹啉及二氢异喹啉的不对称合成。

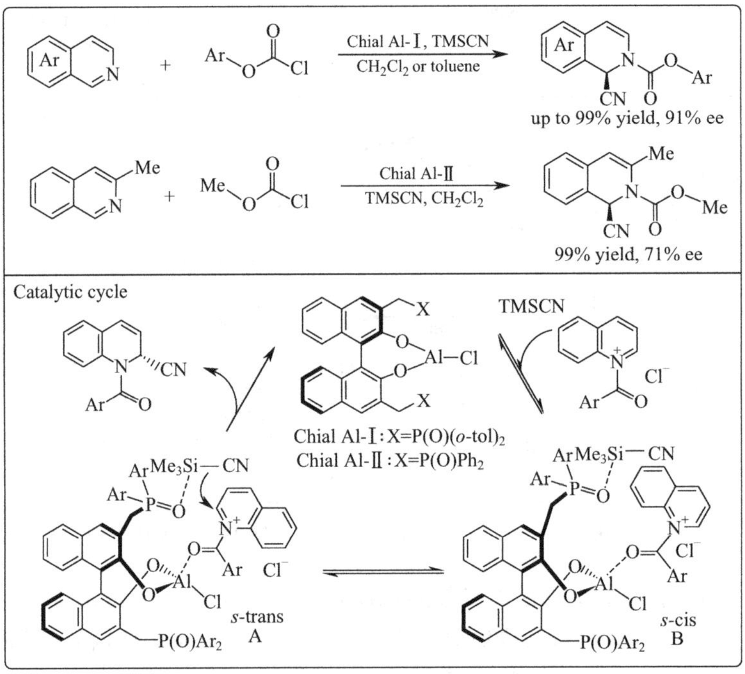

图 2-48　手性双功能铝催化异喹啉的亲核加成反应和机理

随后，该课题组通过改进的手性双功能铝催化剂催化异喹啉的不对称 Reissert 反应，实现了具有一个季碳手性中心的 α-氰基-3,4-二氢异喹啉的高对映选择性合成（图 2-49）[61]。通过对联萘酚骨架中的取代基电子效应进行调节，实现对催化剂的酸性与碱性的调节。当 3,3′位点为溴原子时，反应可取得较好的活性及对映选择性。此外，配阴离子对反应的活性及对映选择性也有显著影响。当采用具有配位能力的氯离子为配阴离子时，反应只能取得中等的活性及对映选择性（53% 收率，73% ee）；而采用非配位性的三氟甲磺酸负离子时，则可以取得最高 98% ee 值；反应取得高对映选择性，并非由于反应中存在离子交换的过程。因为当配阴离子为氰基负离子时，反应却只有 65% ee 值；当采用酸性更强的 BF4 和 NTf2 时，反应对映选择性反而有所下降，部分产物经消旋途径实现。因此，在配阴离子为三氟甲磺酸负离子催化的反应中，不存在阴离子交换的过程。

2006 年，Rozwadowska 课题组采用奎宁定骨架季铵盐作为相转移催化剂，通过 C-1

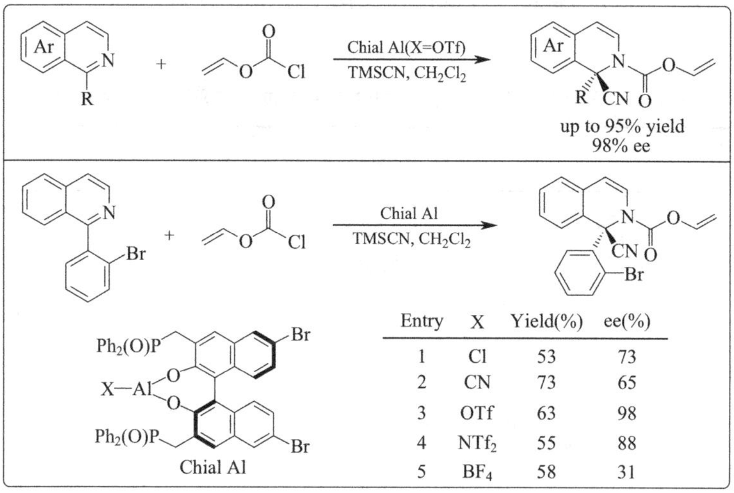

Entry	X	Yield(%)	ee(%)
1	Cl	53	73
2	CN	73	65
3	OTf	63	98
4	NTf_2	55	88
5	BF_4	58	31

图 2-49 配阴离子对手性铝催化异喹啉的亲核加成反应的影响

位氰基取代四氢异喹啉的不对称亲核取代反应，实现了 1,1-二取代四氢异喹啉的对映选择性合成（图 2-50）[62]。*N*-酯基-1-氰基四氢异喹啉在氢氧化钠作用下，拔除 C-1 位质子，原位生成的碳负离子与相转移催化剂形成手性紧密离子对，随后发生不对称亲核取代反应。反应在苯（甲苯）-水两相体系中进行，可以取得中等的对映选择性。

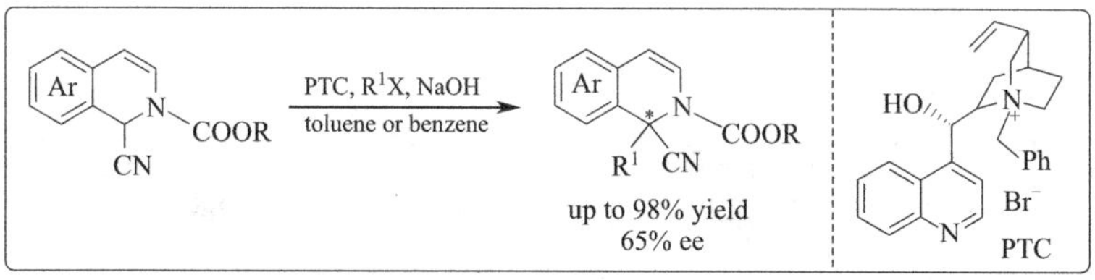

图 2-50 相转移催化异喹啉的亲核加成反应

对于手性四氢异喹啉化合物，C-1 位为三级碳底物的手性合成已有诸多报道。但是，对于 C1 为四级碳的手性四氢异喹啉化合物的合成却鲜有报道。目前，主要是基于已有的四氢异喹啉骨架化合物，在碱性条件下，通过拔除 C-1 位质子，再经亲电取代或亲电加成反应，可以实现一系列 C-1 位季碳取代四氢异喹啉的合成（表 2-2）。该策略通常需要增加底物中 C-1 位质子的酸性以增强 C-1 的正电性，所采取的主要手段是在底物氮原子上引入吸电子基团，如羰基、亚胺基，或采用 C-1 位含强吸电子基氰基的底物等。通过该策略实现 C-1 位季碳取代四氢异喹啉的合成也取得了一定的进展。

1991 年，Meyers 小组通过在底物中引入亚胺基团，以正丁基锂作为强碱，通过亲电加成反应，实现了 1-取代四氢异喹啉的亲电取代反应[63]。随后通过水合肼还原，保护基脱除，实现了得到 C-1 位季碳取代四氢异喹啉外消旋体的合成。Coldham 小组采用相同策略以 *N*-Boc 保护的手性 1-苯基四氢异喹啉为原料，实现了光学活性 1,1-二取代四氢异喹啉的合成[64]。该策略通常以正丁基锂作为强碱拔除 C-1 位质子，并且反应需要在低温条件下进行，反应条件较为苛刻。反应的低温条件，一方面可以避免正丁基锂与酯基或亚胺等基团发生化学反应；另一方面，可以使碳负离子中间体保持原有构型不变，防止反应物的消旋化。

表 2-2　基于异喹啉骨架化合物合成 C-1 位季碳取代四氢异喹啉

Entry	Group (Year)	Reactant	Base	Electrophilic reagent	Product /Yield
1	Meyers (1991)		^{n}BuLi	EX	76%~86% yield
2	Coldham (2014)		^{n}BuLi	EX	90%~98% yield up to 98% ee
3	Maruoka (2011)		KOH	EX	46%~89% yield up to 94% ee
4	Maruoka (2011)		Cs_2CO_3	PhO_2S	47%~73% yield up to 95% ee
5	Zhang (2013)		Qinidine	$OBoc$ R_1 CO_2R'	19%~99% yield up to 94% ee

而对于 C-1 位含有强吸电子基底物如氰基，C-1 位质子具有较强的酸性，则可以采用无机碱氢氧化钾，碳酸铯，有机碱奎宁等定作为碱。2011 年，Maruoka 小组通过在底物中引入强吸电子基氰基，以手性季铵盐为相转移催化剂，实现了 1-氰基四氢异喹啉的 C-1 位直接不对称烷基化和迈克尔加成反应，以优异的活性得到 1,1-二取代四氢异喹啉（图 2-51）[65]。

随后，大连理工大学张晓安教授小组通过 Lewis 碱奎宁定催化的 MBH 碳酸酯的烯丙基取代反应，实现了异喹啉 Reissert 底物的不对称烯丙基烷基化，以最高 94% 的对映选择性得到 C-1 位季碳取代四氢异喹啉化合物的合成[66]。总之，该策略通常要求在底物中引入强吸电子基来增强 C-1 正电性，从而促使反应的进行，反应条件苛刻，底物适用范围窄。

此外，非活化亚胺化合物由于反应活性弱，因此不易通过加成反应得到 C-1 位季碳取代四氢异喹啉。2015 年，Streuff 小组通过自由基反应，解决了底物活性弱的难题，利用偶极翻转，实现了过渡金属钛催化的 1-取代-3,4-二氢异喹啉与腈类化合物的还原酰基化

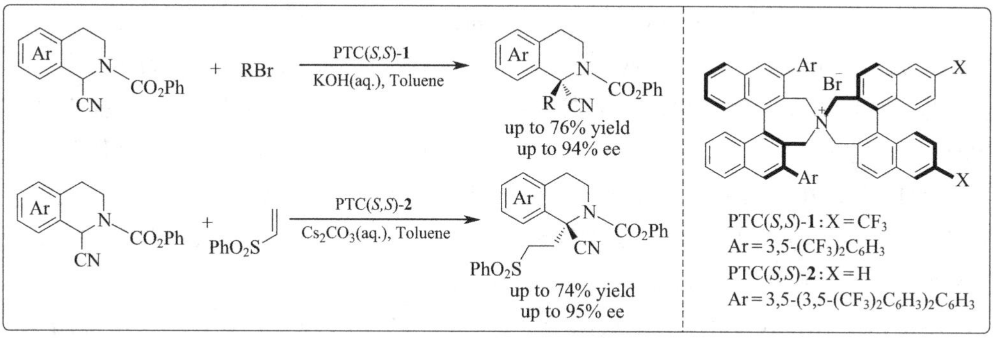

图 2-51 相转移催化 α-氰基四氢异喹啉的亲核取代反应

反应（图 2-52）[67]。

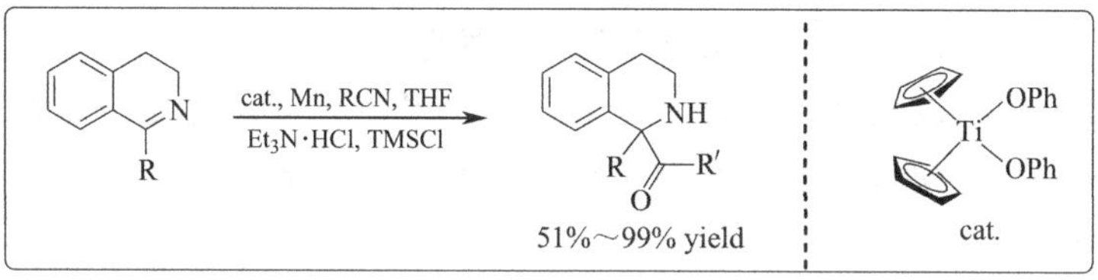

图 2-52 还原酰基化反应合成 C-1 位季碳取代四氢异喹啉

2.3.3 不对称交叉脱氢偶联反应

直接利用不同反应底物中的 C—H 键，在氧化条件下，进行脱氢偶联反应形成 C—C 键的反应称为交叉脱氢偶联反应（Cross-dehydrogenative coupling（CDC）reactions）。交叉脱氢偶联反应具有高原子利用率。2004 年，Li 小组以三氟甲磺酸亚铜为催化剂，吡啶桥联双噁唑啉为手性配体，实现了四氢异喹啉骨架三级胺与炔的不对称交叉脱氢偶联反应（图 2-53）[69]。反应中通过加入适当量过氧叔丁醇作为氧化剂，将三级胺转化为亚胺盐，随后炔铜对其进行亲核加成，以最高 73% 的对映选择性得到手性四氢异喹啉。

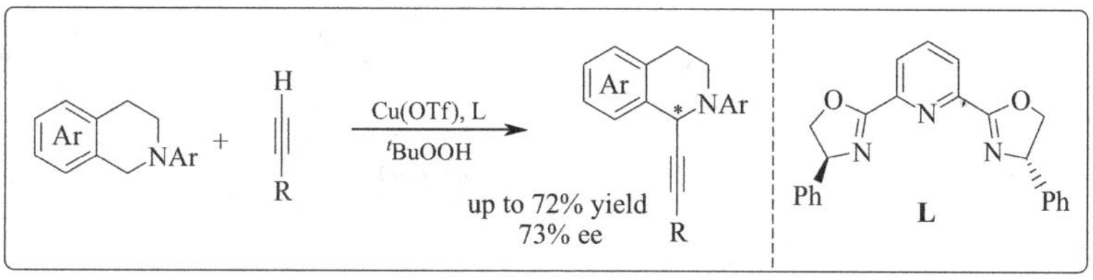

图 2-53 亚铜催化四氢异喹啉的不对称交叉脱氢偶联反应

近年来，N-取代-1,2,3,4-四氢异喹啉的不对称交叉脱氢偶联反应得到了快速发展（表 2-3）。2012 年，Chi 小组采用溴化亚铜、脯氨酸衍生的手性胺协同催化，过氧叔丁醇作为氧化剂，实现了 N-芳基-1,2,3,4-四氢异喹啉与醛的不对称交叉脱氢偶联反应[70]。虽然反应的非对映选择性较差，但仍以优秀的对映选择性得到顺式和反式产物（entry 2）。这为四氢异喹啉骨架的 β-氨基醇的对映选择性合成提供了一条有效策略。

在同一年，Wang 小组采用三氟甲磺酸铜、奎宁协同催化，以氧气作为氧化剂，实现了 N-芳基-1,2,3,4-四氢异喹啉与 α,β-不饱和醛（或酮）的不对称交叉脱氢偶联，即 Morita-Baylis-Hillman 反应（entry 3）[71]。该反应以最高 99% 的 ee 值得到 1-取代手性四氢异喹啉。2013 年，该小组以手性氨基酸为催化剂，2,3-二氯-5,6-二氰基-1,4-苯醌（DDQ）为氧化剂，实现了酮和 N-芳基-1,2,3,4-四氢异喹啉不对称交叉脱氢偶联（entry 4）[72]。2014 年，在之前的工作基础上，该小组尝试将奎宁衍生的双功能硫脲催化剂用于 N-芳基-1,2,3,4-四氢异喹啉与 α,β-不饱和丁内酰胺的不对称交叉脱氢偶联反应中，并取得了优秀的对映选择性（entry 6）[73]。

2013 年，Toste 小组对手性膦酸结构进行修饰，在 3,3′位引入大位阻三氮唑结构。随后以氮氧化物为氧化剂，成功地实现了手性膦酸负离子催化的 N-芳基-1,2,3,4-四氢异喹啉分子内不对称交叉脱氢偶联反应（entry 5）[74]。该策略成功的关键在于大位阻基三氮唑的引入：手性膦酸负离子与亚胺盐中间体通过静电作用形成紧密离子对，而三氮唑和底物酰胺可通过氢键作用，因而有利于反应对映选择性的控制。

2015 年，Liu 小组以氮氧化物为氧化剂，采用溴化亚铜、吡啶桥联双噁唑啉手性配体的催化体系，实现了炔烃和四氢异喹啉骨架三级胺的不对称脱氢偶联，并取得了最高 95% 的对映选择性（entry 7）[75]。

表 2-3　N-取代-1,2,3,4-四氢异喹啉的不对称交叉脱氢偶联反应

Entry	Group (Year)	Oxidant	Reactant R¹-H	Product	Catalyst
1	Li (2004)	^tBuOOH	R≡—H	up to 72% yield 73% ee	Cu(OTf)
2	Chi (2012)	^tBuOOH	R CHO	up to 68% yield up to 99% ee(syn) up to 94% ee(anti)	Ar=3,5-(CF₃)₂C₆H₃ CuBr
3	Wang (2012)	O_2	EWG=CHO,COR,CN	up to 82% yield 99% ee	MeO— Cu(OTf)₂
4	Wang (2013)	DDQ	R R′	up to 78% yield 13:1 dr, 90% ee	Bn H₂N COOH

Entry	Group (Year)	Oxidant	Reactant R¹-H	Product	Catalyst
5	Toste (2013)	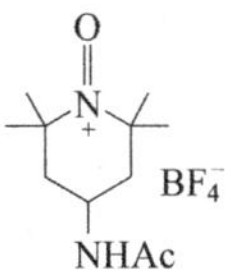	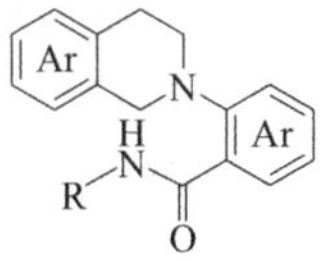	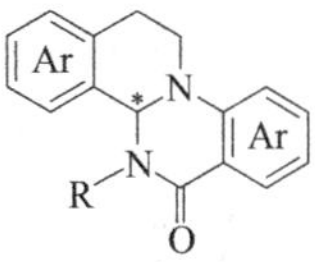 up to 93% yield 94% ee	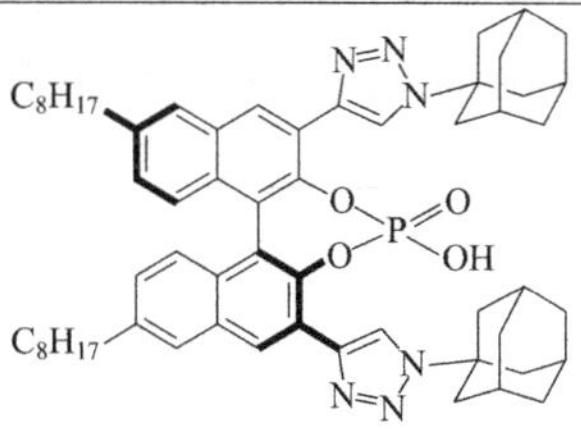
6	Wang (2014)	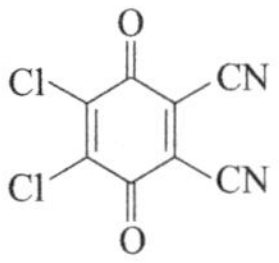	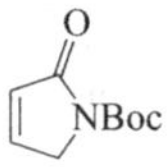	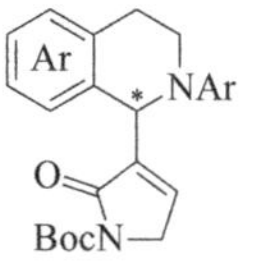 up to 89% yield 93% ee	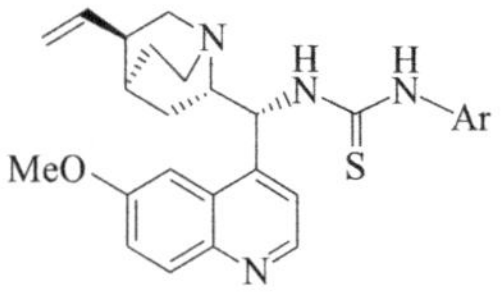 Ar=2,4,6-Me$_3$C$_6$H$_2$
7	Liu (2015)	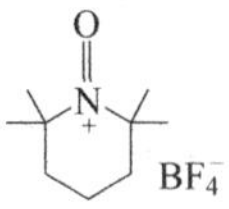	R━━H	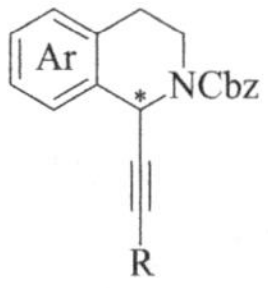 up to 64% yield 95% ee	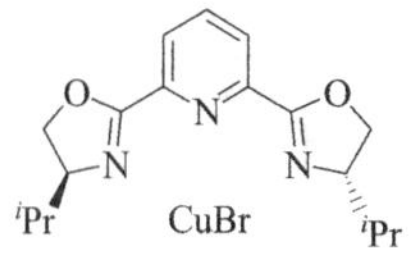 CuBr

　　随着过渡金属钌、铱等光敏剂的快速发展，化学家们尝试将其应用于不对称脱氢交叉偶联反应中，并取得了一系列研究进展。该策略有效地避免了氧化剂的使用，真正地实现了原子经济性与环境友好。2012 年，Rovis 小组将光敏剂 Ru (bpy)$_3$Cl$_2$ 与手性卡宾催化剂结合，成功地实现了 N-芳基-1,2,3,4-四氢异喹啉与醛的不对称催化脱氢交叉偶联，并取得了最高 94% 的收率及 92% 的 ee 值（图 2-54）[76]。作者认为三级胺在光敏剂作用下氧化为亚胺盐，随后在手性卡宾催化剂作用下，醛发生极性反转，作为亲核试剂，与亚胺盐发生不对称亲核加成。

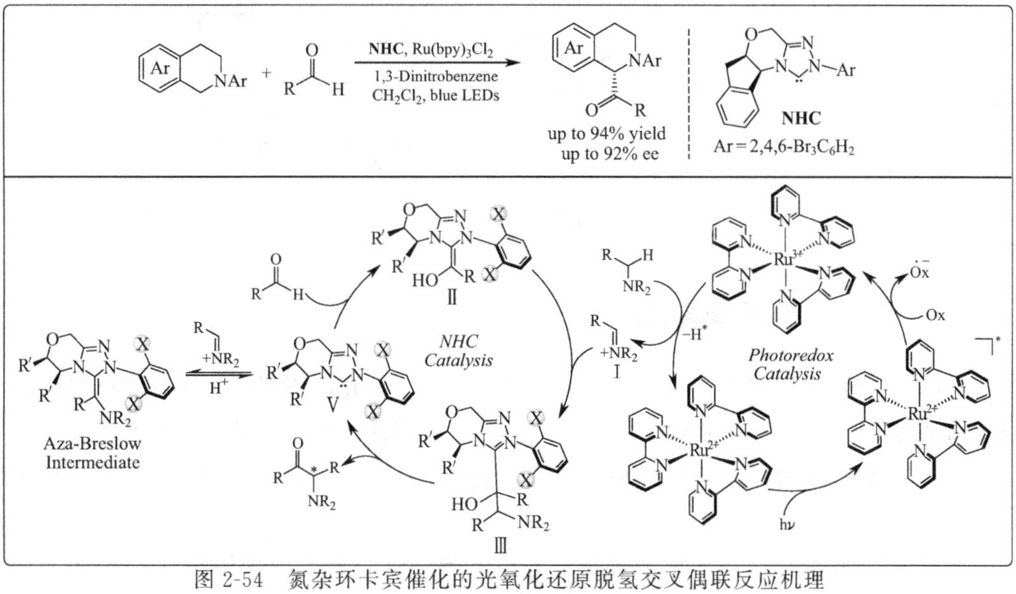

图 2-54　氮杂环卡宾催化的光氧化还原脱氢交叉偶联反应机理

（ref J. Am. Chem. Soc. **2012**，134，8094-8097）

2014 年，Jacobsen 小组[77] 采用同样的策略，将光敏剂 Ru（bpy）$_3$Cl$_2$ 与手性硫脲催化剂结合，成功实现了四氢异喹啉骨架三级胺与烯醇硅醚的不对称交叉脱氢偶联，并取得最高 99% ee 的对映选择性（图 2-55）。在光敏剂作用下，三级胺中氮原子 α 位卤代，随后在手性硫脲催化剂作用下，得到亚胺盐，实现手性阴离子催化的不对称亲核加成反应。

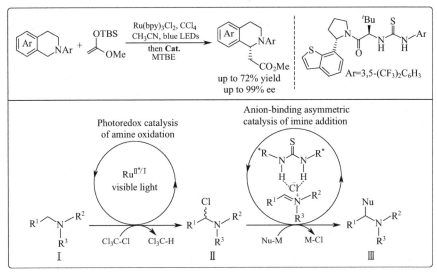

图 2-55　硫脲催化的光氧化还原交叉脱氢偶联反应机理
（ref：*Chem. Sci.* **2014**，5，112-116.）

2015 年，Li 小组[78] 采用光敏剂 Ir（ppy）$_2$（dtbbpy）PF$_6$ 和溴化亚铜、（S）-QUINAP 的催化体系，实现了四氢异喹啉骨架三级胺与炔的催化不对称交叉脱氢偶联反应，高活性、高对映选择性地合成 1-取代-2-芳基-1,2,3,4-四氢异喹啉（图 2-56）。

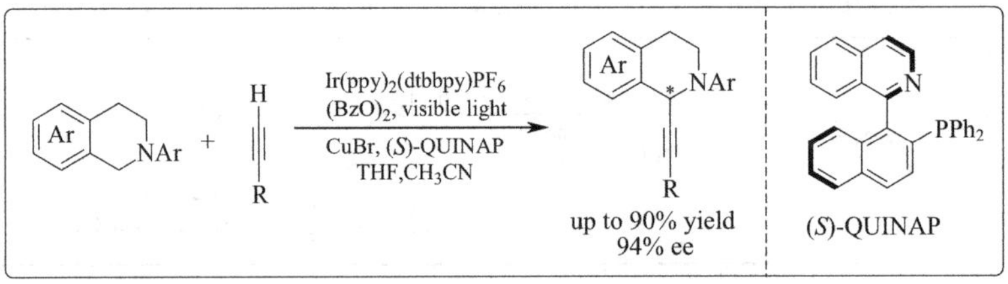

图 2-56　铱催化的光氧化还原交叉脱氢偶联反应机理

2.3.4　不对称氢化/转移氢化反应

在过去二十年来，过渡金属[79] 及有机小分子[80] 催化的不对称氢化反应已经取得了突破性研究发展。通过潜手性的烯烃[81]、芳烃[82]、醛酮[83]、亚胺[84]、烯胺[85] 和芳香杂环[86] 化合物的不对称氢化反应是获得手性烷烃、醇、胺类化合物最直接且最具原子经济性的策略之一（图 2-57）。

在不对称氢化反应中，常见的氢源有氢气、异丙醇、甲酸、汉栖酯（Hantzsch 酯）、二氢吡啶等（图 2-58）。其中，以氢气作为氢源的不对称氢化反应，通常是以过渡金属作

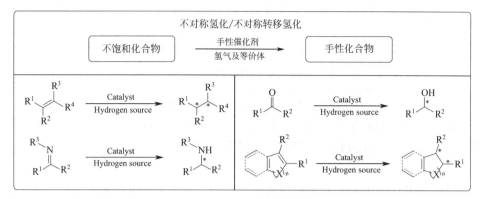

图 2-57 不对称氢化/不对称转移氢化

为催化剂，通过与金属催化剂直接形成金属氢化物，实现氢的转移；而其他类型氢源，通常是在催化剂作用下，与过渡金属形成金属氢化物或与有机小分子催化剂通过形成氢键，将氢负转移至不饱和双键，实现氢的转移和不饱和双键的还原。从环境友好的角度来说，以氢气作为氢源时，其优点在于反应活性高、体系干净，一般无副产物生成，可以高收率得到目标产物。根据催化体系与氢源类型的不同，主要分为以下几类：①过渡金属催化不对称氢化反应；②过渡金属催化不对称转移氢化反应；③有机小分子催化不对称转移氢化反应；④过渡金属催化不对称还原胺化反应；⑤生物酶催化不对称还原反应等。

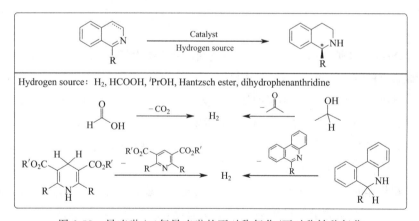

图 2-58 异喹啉/二氢异喹啉的不对称氢化/不对称转移氢化

2.3.4.1 过渡金属催化不对称氢化反应

1968 年，Knowles 和 Horner 课题组首次将不对称催化应用于丙烯酸的氢化反应，过渡金属催化的不对称氢化反应取得了一系列重要研究进展[87]。随后，过渡金属催化不对称氢化反应被广泛应用于芳香杂环、亚胺化合物的不对称氢化。不对称氢化反应中所涉及氢源均指氢气。过渡金属催化不饱和键的不对称氢化反应，包含三个基元反应：①金属-氢的产生；②金属-氢的加成反应；③金属-氢的淬灭及再生（图 2-59）。目前报道的过渡金属催化的芳香杂环、亚胺等化合物的不对称氢化反应，主要是过渡金属铱、钌、铑、钯等配合物，所采用的手性配体通常是手性单膦、双膦、双氮配体等。

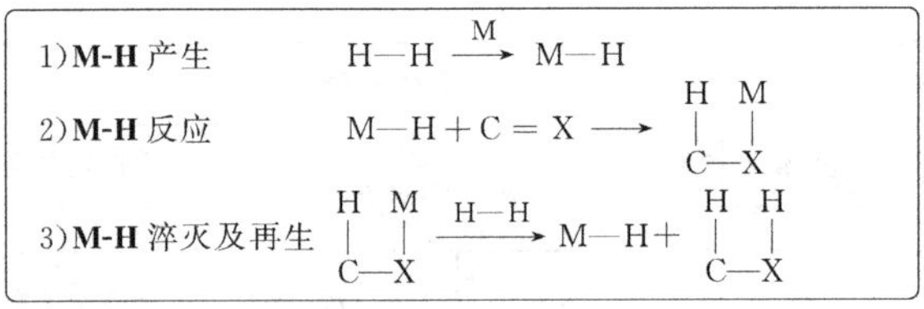

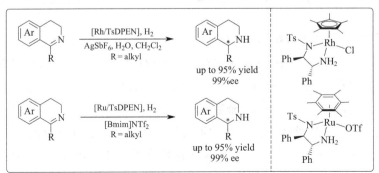

1) **M-H** 产生	$H-H \xrightarrow{M} M-H$
2) **M-H** 反应	$M-H + C=X \longrightarrow \begin{array}{c} H \; M \\ \mid \; \mid \\ C-X \end{array}$
3) **M-H** 淬灭及再生	$\begin{array}{c} H \; M \\ \mid \; \mid \\ C-X \end{array} \xrightarrow{H-H} M-H + \begin{array}{c} H \; H \\ \mid \; \mid \\ C-X \end{array}$

图 2-59 过渡金属催化不对称氢化基元反应

基于底物结构特征，手性四氢异喹啉化合物的合成可通过潜手性的异喹啉、二氢异喹啉或异喹啉骨架烯胺等化合物的不对称氢化反应来实现。

（1）二氢异喹啉的不对称氢化

过渡金属催化二氢异喹啉的不对称氢化反应，目前主要采用过渡金属铱、钌、铑等金属前体，采用的手性配体包括轴手性双膦配体、二茂铁骨架双膦配体、手性二胺配体等。

1992 年，Buchwald 小组[88] 首次采用手性环戊二烯钛为催化剂前体，随后在正丁基锂、苯基硅烷作用下，原位产生活性金属氢，实现了 6,7-甲氧基-1-苯基-3,4-二氢异喹啉的不对称氢化，并取得 98% 对映选择性（图 2-60）。

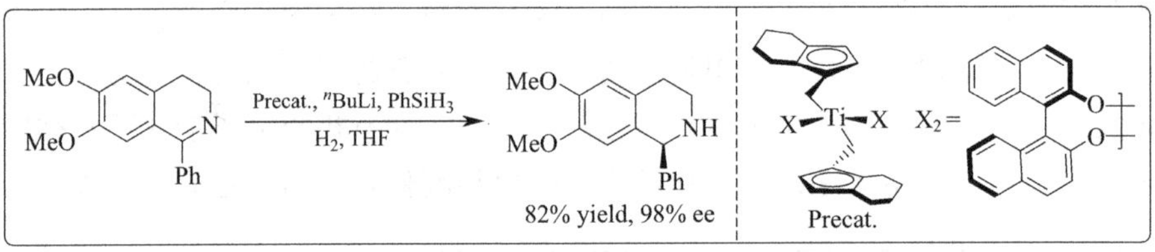

图 2-60 过渡金属钛催化亚胺的不对称氢化

2008 年，Xiao 小组则以 Rh/手性双胺为催化剂，氢气作为氢源，成功地实现了 3,4-二氢异喹啉的高对映选择性氢化（图 2-61）[89]。该体系对于 C-1 位为烷基的底物，具有非常好的活性及对映选择性。此外研究表明，配阴离子的加入对反应的活性有显著影响。若配阴离子为氯离子，则反应无活性；若配阴离子为六氟磷酸根或三氟甲磺酸根，其转化率均低于 20%；向反应中加入六氟锑酸银时，可以将催化剂中氯离子置换为非配位的六氟锑酸根，原位生成活性更高的催化剂。2013 年，Chan 小组研究发现使用 Ru/手性双胺为催化剂，[Bmim]SbF$_6$ 离子液体为溶剂时，反应同样可以取得优异的对映选择性，而且金属催化剂可以稳定存在于离子液体中而保持活性不变[90]。不仅如此，该策略对于喹啉的不对称催化具有优异的活性及对映选择性。

图 2-61 过渡金属/手性二胺催化亚胺的不对称氢化

过渡金属铱对碳氮双键具有非常好的氢化活性。在过渡金属铱催化亚胺的不对称反应中，为了增加反应的活性，通常需要加入催化量的卤素添加剂，如碘单质、N-溴代丁二酰亚胺等，催化量的酰亚胺，或布朗斯特酸等活化催化剂，即催化剂活化策略。

1995 年，Morimoto 和 Aehiwa 课题组报道了[Ir(COD)Cl]₂/手性双膦配体与邻苯二甲酰亚胺共催化的 1-甲基或 1-乙基二氢异喹啉的不对称氢化，并取得最高 93% 的对映选择性（图 2-62）[91]。向反应中加入催化量的五元环状酰亚胺，如邻苯二甲酰亚胺，反应的活性及对映选择性均有显著提升。2011 年，张绪穆教授课题组[92]通过[Ir(COD)Cl]₂/(S,S)-(f)-Binaphane/HI 反应合成[{Ir(H)[(S,S)-(f)- Binaphane]}₂(μ-I)₃]⁺I⁻ 催化剂，并采用碘单质活化催化剂，成功地实现了 3,4-二氢异喹啉的不对称氢化，最高取得了大于 99% 的 ee 值。研究表明，碘单质的加入对反应的活性及对映选择性都有明显提升。2012 年，周其林院士课题组报道了过渡金属铱/螺手性双膦配体/碘化钾催化的二氢异喹啉的不对称氢化反应[93]。研究表明，碘单质、无机碘盐的加入，可显著提高催化剂的活性。该策略对 C-1 位烷基底物具有非常好的催化活性和立体选择性，并成功地应用于(S)-norlaudanosine 和四环生物碱(S)-xylopinine 的手性合成。2019 年，第四军医大学张生勇院士课题组同样采用过渡金属铱为催化剂，二茂铁骨架双膦配体(R_C,S_{Fc},S_{ax})-Josiphos 为手性配体，通过催化量的氢溴酸活化催化剂，实现了一系列 C-1 位芳基取代四氢异喹的对映选择性合成[94]。氢溴酸的加入使得反应的对映选择性有明显提升，作者认为反应通过外球机理进行，即催化剂通过氢溴酸与底物作用。该策略对于 C-1 位芳基取代基不同位阻效应的底物具有普适性，当芳基邻位含有取代基时，反应仍可取得优异的对映选择性。

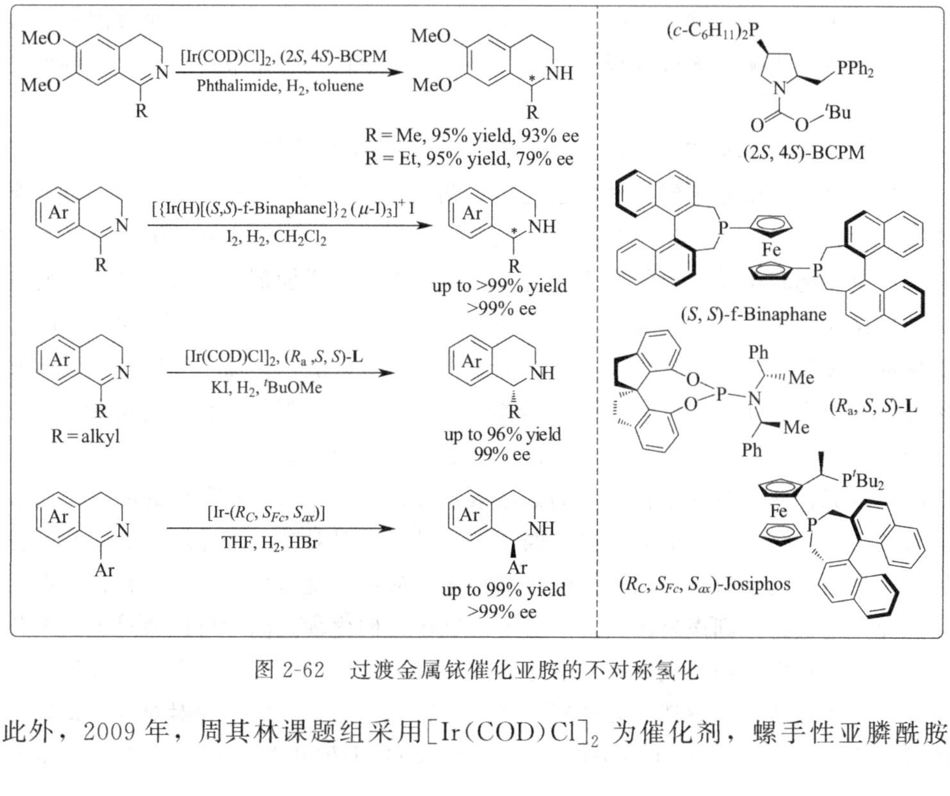

图 2-62 过渡金属铱催化亚胺的不对称氢化

此外，2009 年，周其林课题组采用[Ir(COD)Cl]₂ 为催化剂，螺手性亚膦酰胺为配体，碘单质活化催化剂，实现了异喹啉骨架烯胺的不对称氢化，以最高98％的ee值得到N-烷基-1,2,3,4-四氢异喹啉（图2-63）[95]。从氘代实验结果来看，反应中存在烯胺与亚胺的互变异构，而布朗斯特酸可促进这一过程。

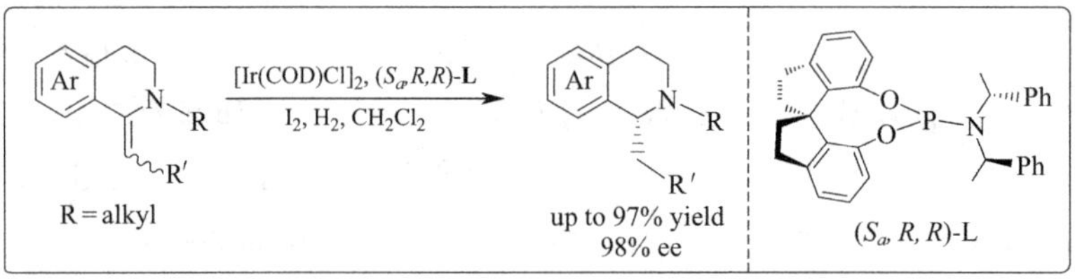

图2-63　过渡金属铱催化烯胺的不对称氢化

　　自从二十世纪五十年代在欧洲发生反应停（沙利度胺）的悲剧事件后，化合物的手性引起了化学家们的广泛关注。1992年，美国食品药品监督管理局（FDA）规定[3]：所有上市的外消旋药物必须提供其两种对映异构体的生理活性及毒理研究数据。因此，同时合成外消旋化合物的两个对映异构体，对手性药物的毒理研究具有非常重要的意义。

　　一般来说，手性化合物的对映异构体是通过两种相反构型的拆分试剂或配体来获得的。因此，这就要求必须同时获得拆分试剂或配体的对映异构体。这对于一些经由天然产物转化而获得拆分试剂或配体很难实现，如氨基酸、生物碱等。不仅如此，同时合成拆分试剂或配体的一对对映异构体，也会造成手性资源的浪费。因此，发展一种仅通过对反应中一些非手性因素进行调节，使用单一手性源实现两种不同构型的对映异构体合成是一条非常有效且极具手性源经济性的策略[49]。这种合成策略被称作双向对映选择性合成。由于反应类型众多，而且影响反应的对映选择性的非手性因素有很多，非手性因素的改变对反应对映选择性的影响并无普遍规律。目前，通过非手性因素调节，实现手性构型翻转的例子有很多。

　　通过铱催化取代3,4-二氢异喹啉的不对称氢化是获得手性四氢异喹啉一对对映异构体的最直接、有效且最原子经济性方法之一。研究发现卤素添加剂如碘单质、N-溴代丁二酰亚胺（NBS）、N-碘代丁二酰亚胺（NIS）等，在铱催化芳香杂环化合物、亚胺的不对称氢化反应中起着至关重要的作用。这主要是由于卤素添加剂具有氧化性，因此它可以将一价铱氧化为三价铱，从而改善其催化性能，如提高反应活性或对映选择性等。此外，卤素添加剂在过渡金属铱和氢气作用下，可原位产生氢卤酸，从而与亚胺成盐。卤素添加剂的两种不同作用，使得取代3,4-二氢异喹啉的双向对映选择性氢化具有可行性。

　　基于此，周永贵研究员课题组设想在过渡金属铱催化取代3，4-二氢异喹啉的不对称氢化反应中，能否通过对非手性添加剂如卤素添加剂NIS或NBS等的用量进行调节，实现双向对映选择性氢化，从而获得取代四氢异喹啉的一对对映异构体（图2-64）[96]。当卤素添加剂用量为催化量时，可以将铱催化剂氧化，从而实现对催化剂的活化；当卤素添加剂用量增加至当量时，则卤素添加剂不仅可以氧化铱催化剂，同时可以通过形成溴化氢与底物作用，实现对催化剂与底物的双活化作用。该策略的难点在于，必须保证催化剂活化与催化剂、底物双活化两种活化方式所得氢化产物构型相反，即为一对对映异构体。

　　随后，该课题组采用[Ir(COD)Cl]₂/(R)-BINAP为催化剂，通过对反应中卤素添加

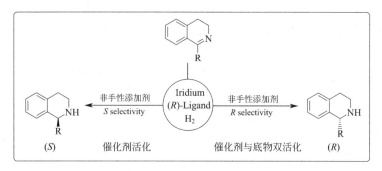

图 2-64　双向对映选择性合成手性四氢异喹啉

剂 N-溴代丁二酰亚胺（NBS）用量进行调节，成功实现了取代 3,4-二氢异喹啉的双向对映选择性氢化（图 2-65）。研究发现随着 NBS 用量的逐渐增加，反应的对映选择性呈现出先下降后逐渐上升的趋势。通过对非手性添加剂 NBS 用量的调节，分别得到手性四氢异喹啉的一对对映异构体。采用 $[Ir(COD)Cl]_2/(R)$-BINAP 催化体系，分别以 10∶100 和 150∶100 用量（添加物与底物的摩尔比，后文如不做特殊说明，也是添加物与底物的摩尔比，图中用 10mol% 与 150mol% 表示）NBS 作为添加剂，可以最高 89% ee(S) 和 98% ee(R) 实现 1-取代-四氢异喹啉的双向对映选择性合成。并将该策略成功地应用于 AMPA 受体（α-氨基-3-羟基-5-甲基-4-异恶唑丙酸受体）拮抗剂及其对映异构体的合成。AMPA 受体是一种离子型谷氨酸受体，与中枢神经系统内神经递质的传递有关，在学习、记忆行为等方面具有重要作用。此外，还与中风、癫痫等疾病密切相关。因此，对 AMPA 受体拮抗剂的研究与开发具有重要意义。

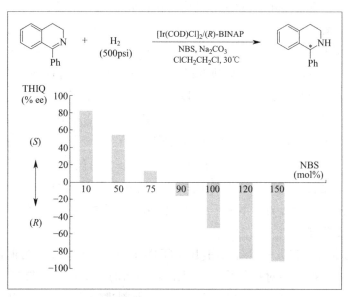

图 2-65　NBS 用量对反应对映选择性氢化的影响

　　通过对反应机理的初步探索，认为反应可能经两种完全不同的过渡态实现（图 2-66）：①催化量的 NBS 可以活化催化剂，金属-氢与反应物经四元环状过渡态直接反应实現，即内球机理；②适当量的 NBS 则不仅可以活化催化剂，也可以通过原位生成的溴化氢与底物成盐活化底物，金属-氢与反应物及溴化氢经六元环状过渡态实现，即外球机理。

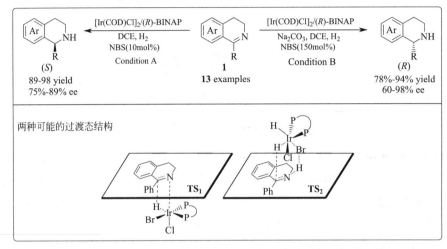

图 2-66　过渡金属铱催化双向对映选择性合成手性四氢异喹啉

（2）异喹啉骨架亚胺盐的不对称氢化

在亚胺的不对称氢化反应中，由于亚胺中氮原子的强配位作用，往往会毒化催化剂，对反应的活性及对映选择性产生影响。因此，化学家们通过向反应中加入酸性添加剂来抑制氮原子的配位作用。通过酸性催化剂与底物作用，一方面可以防止催化剂中毒，另一方面则可以活化底物（图 2-67）。

2012 年，Ratovelomanana-Vidal 小组采用铱催化不对称氢化体系，通过向反应中加入对甲苯磺酰氯，高活性、高对映选择性地实现了取代 3,4-二氢异喹啉的不对称氢化[97]。于此期间，Zanotti-Gerosa 小组在 1-苯基-3,4-二氢异喹啉盐酸盐的不对称氢化中，通过向反应体系中加入适当量的膦酸，高对映选择性地合成手性四氢异喹啉[98]。该反应可实现摩尔级规模底物的不对称氢化，且 S/C 可以达到 1060。2015 年，Togni 小组尝试合成含P-CF$_3$ 的二茂铁骨架手性双膦配体，并将其用于铱催化的 1-取代-3,4-二氢异喹啉盐酸盐的不对称氢化反应中，取得了最高 96％的 ee 值[99]。

尽管目前潜手性亚胺的不对称氢化合成二级胺的研究已经取得了很大的进展，但通过亚胺盐的不对称氢化合成三级胺仍具有挑战性，只有少数几例报道[60]。这主要是由于：①底物对催化剂的配位能力弱，不利于反应立体选择性的控制；②氢化产物为三级胺，其配位能力强，易毒化催化剂。

2017 年，周永贵研究员课题组采用[Ir(COD)Cl]$_2$/(R)-SegPhos 为催化剂，成功地实现了异喹啉骨架亚胺盐的不对称氢化，并以最高 96％的对映选择性得到三级胺目标产物（图 2-68）[100]。在该反应中，无需加入碘单质对催化剂进行活化。反应中原位产生的布朗斯特酸可以与三级胺产物成盐，降低产物的配位能力，有效地避免了产物对催化剂的毒化作用。若改变手性配体结构为(R)-Cl-MeO-BiPhep，该策略同样适用于二氢咔啉骨架亚胺盐的不对称氢化反应。这为手性三级胺的合成提供了一条操作简单且原子经济性的策略。

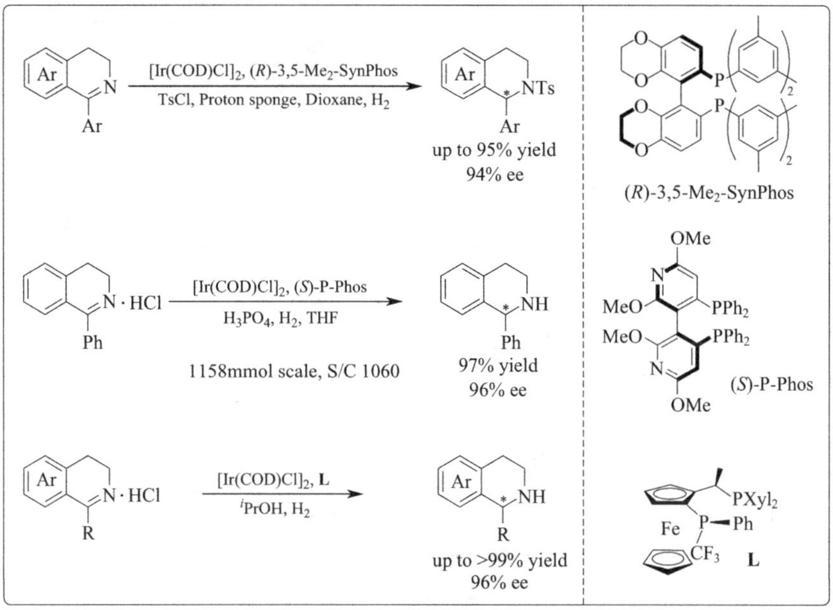

图 2-67　基于底物活化策略的过渡金属铱催化亚胺盐的不对称氢化

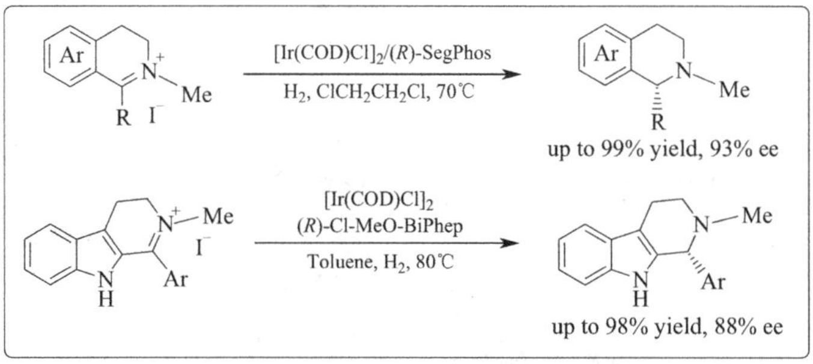

图 2-68　过渡金属铱催化亚胺盐的不对称氢化

（3）异喹啉的不对称氢化

与二氢异喹啉相比，由于异喹啉化合物具有芳香稳定性，且其氢化产物为烷烃仲胺结构具有较强配位能力和强碱性，易与金属配位使催化剂失活，因此异喹啉的不对称氢化是一个具有挑战性的课题（图 2-69）。针对这些问题，周永贵等课题组提出采用底物活化策略实现异喹啉的不对称氢化。底物活化策略，即通过烷基卤化物等与异喹啉成盐活化，一方面，可以降低底物的稳定性，增加反应的活性，另一方面，反应中原位产生的酸可与产物配位，从而抑制了产物对催化剂的毒化作用。

2006 年，周永贵研究员课题组首次采用 Ir/P-P 催化体系，通过氯甲酸酯活化底物的策略，实现了异喹啉的不对称氢化，并以最高 83% 的对映选择性得到 1-取代-1,2-二氢异喹啉（图 2-70）[101]。2013 年，该小组采用苄溴盐活化底物策略，成功地实现了铱催化异喹啉的不对称氢化，高对映选择性合成手性取代 1,2,3,4-四氢异喹啉[102]。该策略同样可适用于吡啶的不对称氢化。通过氯甲酸酯或烷基卤化物活化底物策略，虽然能够使得反应

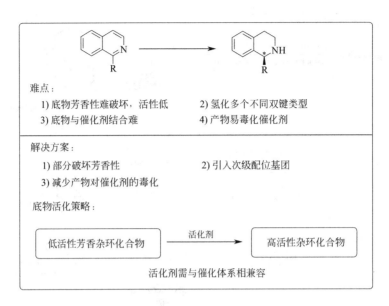

图 2-69　异喹啉的不对称氢化

顺利进行。但通常需要对底物进行预先制备或原位制备，且反应结束后需脱去活化基团，如脱除苄基或酯基等，使得操作步骤繁琐，带来不便。

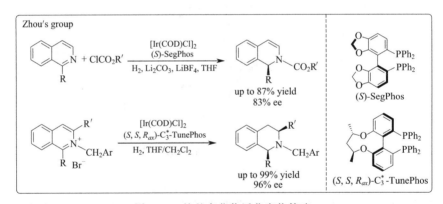

图 2-70　烷基卤化物活化底物策略

于此期间，Mashima 课题组则利用布朗斯特酸活化底物策略，分别实现了铱催化 1-取代异喹啉和 3-取代异喹啉的不对称氢化，并取得了最高 99% 的 ee 值（图 2-71）[103]。2016 年，Zhang 小组首次以 [Rh(COD)Cl]₂ 为催化剂，以二茂铁硫脲骨架的双膦配体为手性配体，成功地实现了异喹啉盐酸盐的不对称氢化[104]。采用布朗斯特酸活化底物策略，需对底物进行预活化，但活化基团的脱除简单。2017 年，周永贵课题组提出采用原位产生氢卤酸活化底物策略，实现过渡金属铱催化的多取代四氢异喹啉的对映选择性合成[105]。通过在反应中加入适当量的三氯异氰尿酸（即 TCCA），在金属-氢作用下，原位产生氯化氢，并与底物作用，从而实现底物的活化。另一方面，三氯异氰尿酸作为一种卤素添加剂，可将一价铱氧化为三价铱，同时实现对底物的活化。此外，该方法底物适用范围广，不仅适用于 1-取代、1,3-二取代、3,4-二取代四氢异喹啉的不对称氢化，也同时适用于吡啶的不对称氢化，并且取得优异的对映选择性。

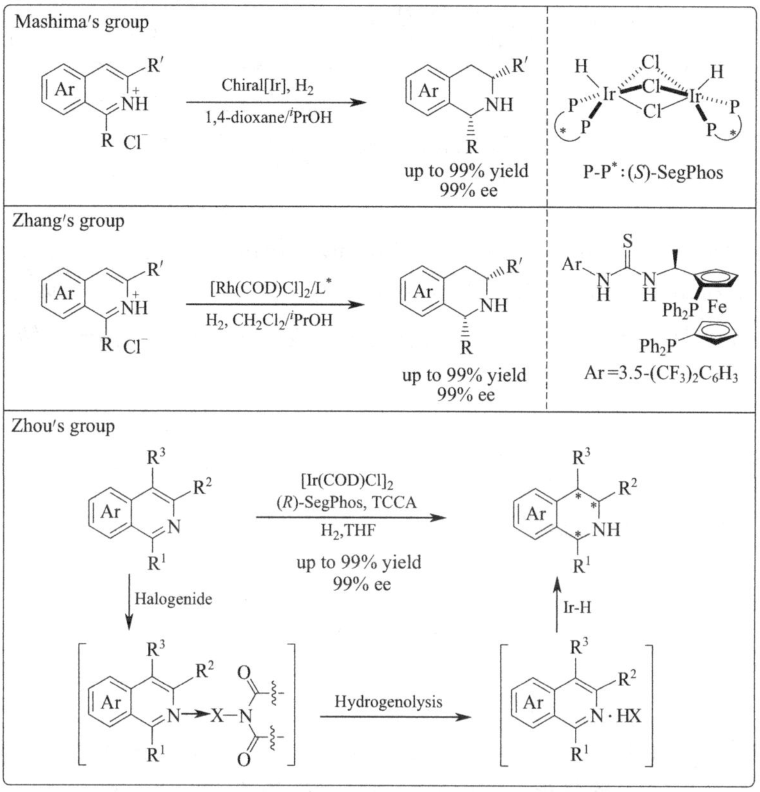

图 2-71　布朗斯特酸活化底物策略

由于氟原子具有电负性高、极化率低和原子半径小等特征，因此将氟原子引入有机分子中时，分子的物理、化学以及生物性能发生显著改变。因此，含氟化合物被广泛地应用于医药、农药和材料等领域。目前，已经商品化的医药和农药中，含氟药物所占比例分别高达 20% 和 30% 左右。在过渡金属催化含氟芳杂环化合物的不对称氢化反应中，通常易发生 C—F 键的氧化加成-氢解反应和 M—H 物种对 C ＝C—F 的亲核加成-β-氟还原消除反应等脱氟副反应。为了抑制脱氟反应的进行，周永贵研究员课题组将卤素添加剂活化铱催化剂和布朗斯特酸活化底物策略相结合，通过 3-烷基-4-氟异喹啉化合物的不对称氢化，实现了一系列 3-烷基-4-氟-1,2,3,4-四氢异喹啉的高对映选择性合成（图 2-72）[106]。在该反应中，首先发生 1,2-加氢，随后在过量的布朗斯特酸作用下，亚胺-烯胺快速异构化，从而有效地避免了脱氟副反应的发生。该项研究也首次实现了含氟芳杂环化合物的高对映选择性合成。

异喹啉的直接不对称氢化，可避免底物的预制备和脱保护，但目前仍鲜有报道。2012年，周永贵研究员课题组通过催化剂活化策略，采用溴氯海因活化的 Ir/P-P 催化剂，成功地实现了 3,4-二取代异喹啉的氢化动态动力学拆分反应，并取得了最高 96% 的 ee 值

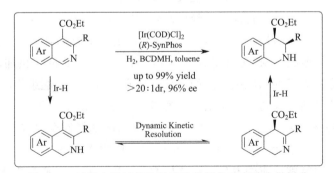

图 2-72　过渡金属铱催化氟代异喹啉的不对称氢化

（图 2-73）[107]。

动态动力学拆分（dynamic kinetic resolution），是指手性催化剂和一对对映异构体反应时，由于空间位阻等的匹配限制，其和这对对映异构体中的一个异构体反应速率较快，另一对映异构体在反应条件下则发生快速消旋化，最终使这对异构体全部转化为具有一定光学活性的产物的过程。

图 2-73　动态动力学拆分策略

该策略主要适用于 C-3 位烷基、C-4 位酯基取代底物的不对称氢化；对于 C-3 位芳基及 C-4 位烷基底物的不对称氢化，反应的对映选择性均略有下降。机理研究证明，反应经 1，2-加氢启动，生成亚胺中间体，随后经过动态动力学转化，实现高对映选择性氢化（图 2-74）。C-4 位为酯基时，有利于亚胺-烯胺的互变异构，可实现快速的动态动力学拆分，因此产物可以获得较高的 ee 值。

图 2-74　过渡金属铱催化异喹啉的氢化动态动力学拆分

2.3.4.2　过渡金属催化不对称转移氢化反应

过渡金属催化不对称转移氢化反应所涉及的氢源为有机氢供体，主要包括甲酸、异丙醇等。该类氢源使用操作方便，价格低廉，且不会对环境造成污染。对于不同氢源，其金属-氢产生方式则不同（图 2-75）。甲酸作为氢源参与转移氢化反应时，通过在碱性条件下脱羧形成金属-氢；而异丙醇作为氢源时，则在碱性条件下，经四元环状过渡态形成金属-氢。

1996 年，Noyori 小组[108] 将其发展的 Ru/手性双胺不对称转移氢化体系，首次应用于 3,4-二氢异喹啉的不对称转移氢化反应中（表 2-4）。该催化体系采用 HCOOH/Et$_3$N（5∶2）作为氢源，以最高 97% 收率及 95% 对映选择性合成 C-1 位取代四氢异喹啉。随后，Vedejs 小组将该催化体系成功应用于异喹啉骨架手性二胺的对映选择性合成[109]。通过在 C-1 位芳基的邻位引入胺基，使其氢化产物为含苯胺结构单元的手性二胺。或者在底物 C-1 位芳基的邻位引入溴原子，其氢化产物再与甲胺通过铜催化的 Ullmann 偶联反应，进一步合成手性二胺。2013 年，Kačer 课题组采用 Noyori 发展的 Ru/手性二胺催化体系，实现了 3,4-二氢异喹啉的不对称转移氢化，其 TOF 值最高可达 261[110]。2013 年，Ratovelomanana-Vidal 小组将 Noyori 发展的钌催化体系应用于 3,4-二氢异喹啉的不对称氢化，其反应条件温和，底物适用范围宽，且对于位阻较大的 C-1 位芳基底物具有普适性[111]。随后，该小组继续对底物的适用范围进行了考察，累计共尝试 94 个底物的不对称转移氢化[112]。该小组也成功地实现了 (S)-(-)-norcryptostylines I，II 及 AMPA 受体拮抗剂的对映选择性合成。经不对称转移氢化-重结晶，AMPA 受体拮抗剂可以 98% ee 值得到。

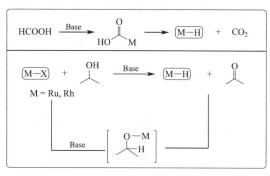

图 2-75　过渡金属催化不对称转移氢化策略

表 2-4　过渡金属钌催化亚胺的不对称转移氢化

Substrate	Catalytic system	Hydrogen source & solvent	Yield (%)	Ee(%)	Group (Year)
MeO, MeO 结构 R=alkyl, aryl	Ru/(S,S)-N-N*-a or Ru/(R,R)-N-N*-b or Ru/(S,S)-N-N*-c	HCOOH/Et$_3$N CH$_3$CN or CH$_2$Cl$_2$	90～>97	84～95	Noyori (1996)
Ar 结构 X=NH$_2$, NBnTs N(MOM)Ts, Br	Ru/(R,R)-N-N*-d	HCOOH/Et$_3$N CH$_2$Cl$_2$	53～76	85～>99	Vedejs (1999)

续表

Substrate	Catalytic system	Hydrogen source & solvent	Yield (%)	Ee(%)	Group (Year)
MeO / MeO 二氢异喹啉 R=alkyl	RuCl$_2$(p-cymene) (R,R)-N-N*-e	HCOONa,CTAB H$_2$O	68~97	90~95	Zhu & Deng (2006)
MeO / MeO R=Me/^{i}Pr R=Bn R=Ph	Ru/(S,S)-N-N*-a Ru/(S,S)-N-N*-a/AgSbF$_6$ Ru/(S,S)-N-N*-a/ AgSbF$_6$/Bi(OTf)$_3$	HCOONa,CTAB H$_2$O	90/87 90 87	99/99.5 98.5 94	Pihko (2009)
Ar ... R	Ru/(R,R)-N-N*-a or Ru/(R,R)-N-N-c	HCOOH/Et$_3$N CO$_3$CN	4.1~261 (TOF/h)	39~94	Kacer (2013)
Ar ... Ar	Ru/(R,R)-N-N*-d	HCOOH/Et$_3$N iPrOH	72~97	82~98	Ratovelomanana-Vidal (2013)
Ar ... Ar 94 examples	Ru/(R,R)-N-N*-d	HCOOH/Et$_3$N iPrOH	71~97	15~99	Ratovelomanana-Vidal (2015)

Ru/(S,S)-N-N*-a: η^6-arene = p-cymene, Ar = 4-CH$_3$C$_6$H$_4$
Ru/(R,R)-N-N*-b: η^6-arene = p-cymene, Ar = 2,4,6-(CH$_3$)$_3$C$_6$H$_2$
Ru/(S,S)-N-N*-c: η^6-arene = benzene, Ar = 1-naphthyl
Ru/(R,R)-N-N*-d: η^2-arene = benzene, Ar = 4-CH$_3$C$_6$H$_4$

(R,R)-N-N*-e

2006 年，Zhu & Deng 课题组采用 Ru/手性双胺催化体系，以甲酸钠作为氢源，实现了 1-烷基-3,4-二氢异喹啉在水相中的高对映选择性不对称转移氢化[113]。此外，该策略同样适用于 3,4-二氢异喹啉苄溴盐的不对称转移氢化，且对 C-1 位甲基及苯基底物均有优异的活性及对映选择性。通过在手性双胺配体中引入磺酸钠基团，使配体具有较好的水溶性，可有效地参与水相反应。作者采用表面活性剂十六烷基三甲基溴化铵（CTAB）作为添加剂时，反应的活性及对映选择性均有明显提升。研究发现，若向反应中加入一个反应剂量的甲酸（5 个反应剂量甲酸钠），反应的活性及对映选择性可以保持；随着甲酸的含量增加，反应的活性与对映选择性则略有下降；若以甲酸作为氢源，且不加入甲酸钠时，反应则不能顺利进行。2009 年，Pihko 课题组同样报道了一例 Ru/手性双胺催化二氢异喹啉的水相不对称氢化反应，重点考察了路易斯酸对反应活性及对映选择性的影响。研究发现，六氟锑酸银等路易斯酸等对反应的活性及对映选择性均有影响。该催化体系同样适用于二氢咔啉的不对称氢化[114]。

铑/手性双胺不对称转移氢化体系对亚胺同样具有非常好的活性和对映选择性。1999年，Baker 小组报道了过渡金属铑/手性双胺催化的 3,4-二氢异喹啉的不对称转移氢化反应。该催化体系对 C-1 位烷基取代底物具有较好的活性及对映选择性（图 2-76）[115]。

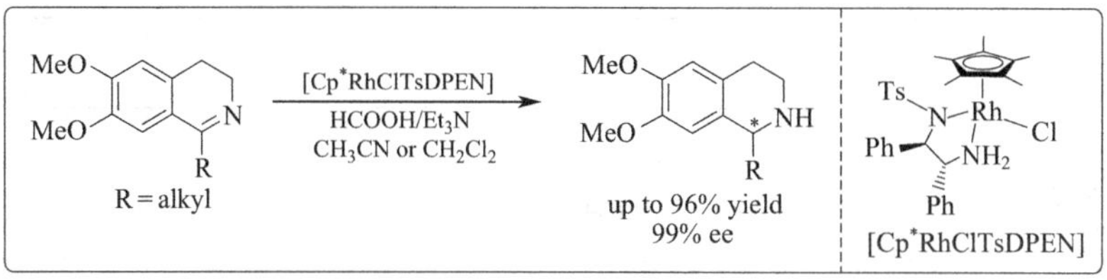

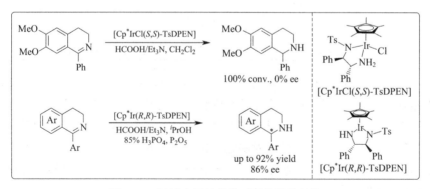

图 2-76　过渡金属铑催化不对称转移氢化

过渡金属铱催化体系对亚胺的不对称氢化具有非常好的活性和对映选择性。该催化体系通常采用[Ir(COD)Cl]₂/轴手性双膦配体为催化剂，氢气为氢源，并广泛应用于亚胺的不对称氢化反应中。但过渡金属铱催化亚胺的不对称转移氢化反应，则鲜有报道。

2015 年，Ratovelomanana-Vidal 课题组研究发现，采用[Cp*IrCl(R,R)-TsDPEN]为催化剂可实现 3,4-二氢异喹啉的完全氢化，但所得产物为外消旋体产物（图 2-77）[112]。2017 年，Vilhanová 小组则采用[Cp*Ir(R,R)-TsDPEN]为催化剂，无水磷酸/五氧化二磷为添加剂，成功实现了 3,4-二氢异喹啉的不对称转移氢化反应[116]。无水磷酸的加入使反应的活性及对映选择性均有明显提升，该催化体系主要适用于 C-1 位芳基取代底物。在铱/手性双胺催化的 1-甲基-3,4-二氢异喹啉的不对称转移氢化中，研究发现若反应中不加无水磷酸，则随着反应时间的进行，转化率增加，而产物的 ee 值略有下降；若无水磷酸的加入，则会使得产物的 ee 值明显下降，甚至出现产物构型发生翻转的现象。

图 2-77　过渡金属铱催化不对称转移氢化

异喹啉骨架亚胺盐的不对称转移氢化是获得 N-取代-1,2,3,4-四氢异喹啉最直接且最有效的策略之一。Ru/手性双胺不对称转移氢化体系不仅适用于亚胺的不对称氢化，同样也适用于亚胺盐不对称氢化（表 2-5）。2005 年，Czarnocki 小组将该催化体系成功地应用于异喹啉骨架亚胺盐的不对称氢化，实现了 (R)-Crispine A 的高对映选择性合成[117]。随后，该课题组合成了具有三个手性中心的新型环状骨架手性双胺配体，并将其用于过渡金属钌催化异喹啉骨架亚胺盐的不对称转移氢化，实现了多元稠环骨架四氢异喹啉的对映选择性合成。

表 2-5 过渡金属钌催化亚胺盐的不对称转移氢化

Substrate	Catalytic system	Hydrogen source & solvent	Yield (%)	Ee (%)	Group (Year)
	Ru/(S,S)-N-N*-a	HCOOH/Et₃N CH₃CN	96	92(R)	Czarnocki (2005)
	RuCl₂(p-cymene) (R,R)-N-N*-c	HCOONa, CTAB H₂O	86 94	90 95(S)	Zhu & Deng (2006)
	Ru/(S,S)-N-N*-a	HCOOH/Et₃N CH₃CN	$n=1$ 91 $n=2$ 97	92 87(R)	Czarnocki (2007)
	Ru/(S,S)-N-N*-b AgSbF₆	HCOONa, CTAB H₂O	$n=1$ 45 $n=2$ 65	94 96(S)	Pihko (2009)
	Ru/(R,R)-N-N*-d Ru/(R,R)-N-N*-e	HCOOH/Et₃N CH₃CN	$n=1$ 72 $n=2$ 89	84 56(S)	Czarnocki (2013)

此外，Ru/手性双胺不对称转移氢化体系同样可以在水相中反应。2006 年，Zhu & Deng 课题组在实现过渡金属钌/水溶性手性双胺催化的异喹啉骨架亚胺的不对称转移氢化反应后，将该策略成功应用于异喹啉骨架亚胺盐的不对称转移氢化[113]。该策略对对 C-1 位甲基及苯基底物均有优异的活性及对映选择性。而 Pihko 课题组则通过在 Ru/手性双胺催化体系中加入路易斯酸六氟锑酸银，使得异喹啉骨架亚胺盐的不对称转移氢化反应能够在水相中进行，并取得优异的对映选择性[114]。

2.3.4.3 过渡金属催化分子内不对称还原胺化反应

还原胺化反应是指羰基与胺反应生成席夫碱，然后在还原试剂作用下还原为胺的反应。还原胺化反应同样存在于生物体内。在生物体内，通过以酶为催化剂，NADPH（一种还原型辅酶Ⅱ，学名还原型烟酰胺腺嘌呤二核苷酸磷酸）为还原剂、氢负离子的供体，氨基酸与酮体可发生不对称还原胺化反应。化学家们根据生物体 NADPH 辅酶结构特征，设计了一系列仿生氢源，如汉栖酯、二氢吡啶等。

2003 年，Wills 课题组以二碳酸二叔丁酯保护的 α-酰基苯乙胺为原料，通过手性 Ru/TsDPEN 催化的分子内不对称还原胺化实现了（S）-Crispine A 的对映选择性合成（图 2-78）[118]。反应历程可分为以下几步：①反应底物在甲酸作用下脱除保护基，得到游离的胺；②分子内胺基与羰基发生缩合成环，形成席夫碱；③在手性 Ru/TsDPEN 催化剂作用下，经亚胺的不对称转移氢化反应得到手性四氢异喹啉。2017 年，西北农林大学常明欣课题组采用手性碘桥联双核铱催化剂，通过分子内不对称还原胺化，一锅法实现了一系列 C-1 位取代四氢异喹啉的高对映选择性合成[119]。研究发现，在该反应中，四（异丙氧基）钛和碘单质的加入均可以加速亚胺的还原，而对甲苯磺酸的加入可提高反应的对映选择性。

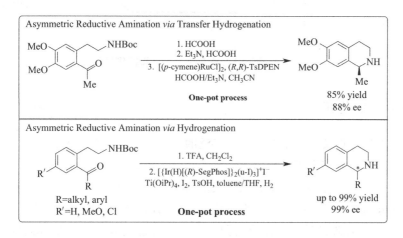

图 2-78　过渡金属催化不对称还原胺化

2.3.4.4　有机小分子催化不对称转移氢化反应

有机催化不对称转移氢化反应中，所用有机小分子催化剂通常为手性膦酸，反应所涉及氢源为非氢气氢源，主要包括仿生氢源汉栖酯、二氢啡啶等。发生不对称转移氢化时，一方面，催化剂与氢源通过氢键作用，另一方面，底物与催化剂之间同样通过氢键作用或通过静电作用形成紧密离子对，与此同时，氢源作为还原剂提供氢负离子，发生不对称转移氢化。催化剂、氢源、底物彼此之间通过氢键、静电作用相互结合，从而有利于反应对映选择性的控制。

异喹啉化合物由于具有芳香稳定性，其反应活性低。因此，目前鲜少有有机催化不对称转移氢化反应的相关报道。2014 年，周永贵研究员课题组采用手性负离子置换策略及底物活化策略，实现了手性膦酸阴离子催化的异喹啉的不对称转移氢化反应（图 2-79）[120]。通过采用氯甲酸酯活化底物，将异喹啉转化为高活性亚胺盐中间体，同时引入次级配位基团，进一步增加底物与催化剂的作用。研究显示，向反应中加入无机碱，将手性膦酸转化为手性膦酸阴离子，通过与底物形成紧密手性离子对，实现对反应立体选择性的控制。通过该策略成功实现了一系列 C-1 位取代-1,2-二氢异喹啉化合物的对映选择性合成。

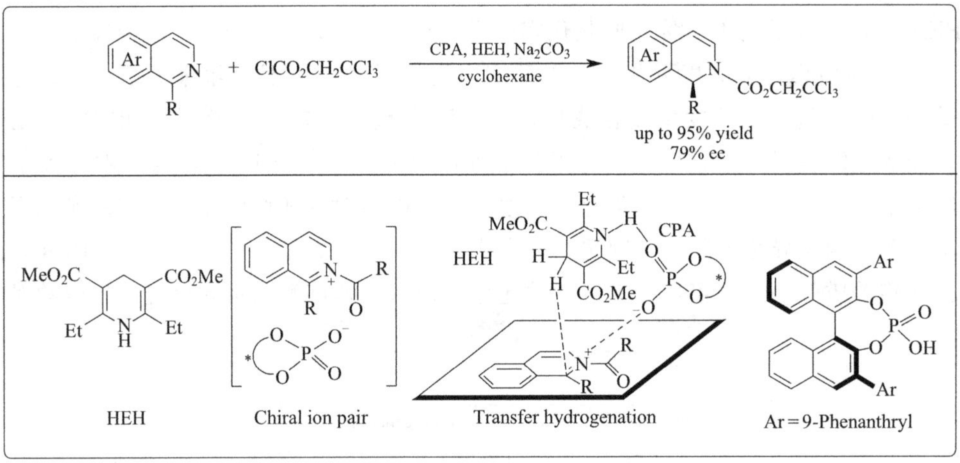

图 2-79　手性膦酸催化异喹啉的不对称转移氢化反应

2.3.5　去外消旋化策略

手性胺在天然产物及药物中有着非常广泛的应用。而目前对外消旋混合物进行手性拆分，仍然是实际生产中获得手性胺的最主要方法之一。即采用外消旋混合物为原料，利用手性拆分试剂选择性地与一种对映异构体成盐或成键，从而将外消旋混合物中的两种对映异构体有效地分离，获得对映纯的手性胺化合物。然而，该方法最大的问题则在于其理论收率只有 50%，从而造成手性资源的浪费。为了克服这一限制，化学家们发展了一系列合成策略，如动态动力学不对称转化、去外消旋化等，从而将理论收率提高至 100%。

2.3.5.1　去外消旋化的定义

去外消旋化是指在不涉及中间体分离的情况下，将外消旋混合物完全转化为单一对映异构体的化学过程，且化学结构不变，即产物与原料化学结构相同（狭义定义）（图 2-80）[121]。采用去外消旋化策略合成手性化合物可以避免对手性拆分试剂的脱除，其理论收率可达 100%，具有较高的原子经济性。去外消旋化策略的发展很好地解决了动力学拆分等策略理论收率的问题。

随着不对称转化新方法的出现，Faber 教授赋予了"去外消旋化"新的定义。他认为，广义上的去外消旋化是指所有在不涉及中间体分离的情况下将外消旋体混合物完全转化为单一对映异构体产物的反应，而反应原料和产物的结构可以有所不同。这一新的定义，将动态动力学拆分和动态动力学转化，归属于一类特殊的去外消旋化反应，其产物和原料结构不同。为了便于讨论，我们在本书中所述均是指狭义上的去外消旋化反应。

2.3.5.2　常见的去外消旋化策略

手性胺的去外消旋化，目前仍然是非常具有挑战性的课题之一。去外消旋化反应的实现，往往需要手性中心的破坏与重建，因此它通常包含两个在化学反应方向和机理途径上完全不同的反应过程，且其中至少一个过程需要进行有效的对映选择性控制。去外消旋化

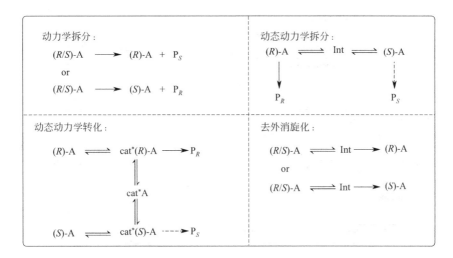

图 2-80　去外消旋化策略

反应所涉及的两个化学过程在化学反应方向上是完全相反的，如氧化还原反应、酸碱反应等。去外消旋化反应的难点在于这两个化学过程的反应物之间易发生相互淬灭，在同一个反应体系中往往不具有兼容性。目前，主要采用时间隔离（即分步操作）或物理隔离来解决这一问题。

（1）氧化还原去外消旋化策略

氧化反应和还原反应，在化学反应方向和机理途径上是一对完全相反的过程，也是去外消旋化策略中最常见的一种组合方式。而氧化剂与还原剂在同一反应体系中极易发生氧化还原反应而相互淬灭，因此在化学合成策略中通常采用分步操作的方式来实现。

采用氧化脱氢-还原加氢策略实现有机胺的去外消旋化反应，目前主要包括两种方法，即线性氧化还原去外消旋化策略（Linear redox deracemization）和循环氧化还原去外消旋化策略（Cyclic redox deracemization）（图 2-81）。

线性氧化还原去外消旋化策略是指有机胺的外消旋体混合物在氧化剂作用下，首先非选择性地全部氧化为潜手性亚胺或亚胺盐中间体，随后在还原剂作用下，经不对称还原选择性转化为手性胺化合物，从而实现有机胺的去外消旋化过程。在该策略中，要想实现高对映选择性合成，则氧化过程必须实现对底物的完全氧化，而还原过程则需进行有效的对映选择性控制，所采用的还原试剂为手性试剂，发生的是不对称还原反应。

循环氧化还原去外消旋化策略，则是指有机胺的外消旋体混合物在氧化剂作用下，将其中一种对映异构体选择性氧化为潜手性亚胺或亚胺盐中间体，随后再经非选择性还原为外消旋体混合物，选择性氧化-非选择性还原过程不断循环，使得另一种对映异构体不断积累，从而实现胺的去外消旋化过程。在该策略中，获得高对映选择性产物的关键在于氧化过程对底物应具有较高的对映选择性。循环氧化还原策略较线性氧化还原的优势在于，随着循环次数的增加，产物的对映选择性可以不断提高，而不再仅仅局限于催化剂对反应立体选择性的控制。

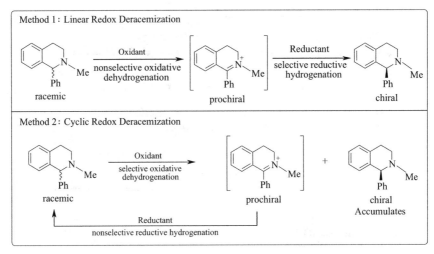

图 2-81　氧化还原去外消旋化策略

（2）酸碱中和去外消旋化策略

除了最常见的氧化还原的组合方式以外，酸碱反应也是最有效且最具原子经济性的去外消旋化策略之一。通过酸碱反应实现胺的去外消旋化，一般是指通过去质子化-质子化串联反应来实现的（图 2-82）。根据手性决定步的不同，同样可以分为两种方法：一种是反应的对映选择性取决于底物脱质子的过程，即手性的富集发生在脱质子过程中，通常采用手性强碱作为催化剂。由于碳原子上所连质子的酸性较弱，通常需采用强碱，如正丁基锂、异丁基锂等拔除碳原子上所连质子。因此，采用该策略实现有机胺的去外消旋化反应时，反应中需加入手性配体来控制反应的对映选择性。有机胺类化合物在手性碱作用下，选择性拔除立体中心位的质子，原位形成紧密手性离子对，随后再经过非选择性还原实现去外消旋化。以 2-甲基-4-苯基四氢异喹啉为例，其具体过程如下：采用手性碱作为催化剂时，经原位拔除 C-4 位质子，通过手性碱催化剂对底物的手性诱导，形成紧密手性离子对。随后再经过非选择性质子化，最终实现胺的去外消旋化反应。手性碱催化剂对反应的立体选择性最终决定着产物的对映选择性。

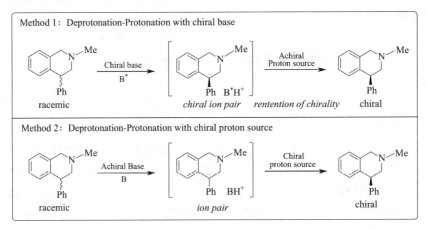

图 2-82　酸碱中和去外消旋化策略

第二种则是手性富集发生在质子化过程中，通常采用手性醇、酚、酸、伯胺、仲胺等作为质子源淬灭反应。有机胺化合物，先经非选择性拔除立体中心位质子，再经手性质子源选择性还原得到手性胺实现去外消旋化过程，反应的对映选择性则取决于质子化过程中质子源对底物的立体选择性。通过去质子化-质子化串联反应来实现的去外消旋化反应，通常都是线性的。

无论是氧化脱氢-还原加氢去外消旋化策略还是去质子化-质子化去外消旋化策略，都涉及两个在化学反应方向及机理途径上完全相反的化学过程。对于一种具体的物质而言，应根据物质的结构特征选择合理的策略来实现该物质的去外消旋化过程。氧化脱氢-还原加氢去外消旋化策略，要求底物能够发生有效的氧化脱氢反应，发生氧化反应的活性位点应为立体中心产生的位点。而去质子化-质子化去外消旋化策略，则主要适用于立体中心产生的位点至少含有一个 C—H 键。若底物中还有多个活泼氢，则需要增加碱的用量或对该基团进行保护。

2.3.5.3 去外消旋化策略合成手性四氢异喹啉

胺类化合物的去外消旋化反应是该领域非常具有挑战性的难题，到目前为止，成功的例子还不多见。通过去外消旋化策略合成手性四氢异喹啉化合物是最直接且最具原子经济性的策略之一。目前，主要通过过渡金属催化、有机小分子催化和生物酶催化（该部分内容将在第三章重点介绍）三种策略来实现。

（1）金属催化胺的去外消旋化

金属体系催化有机胺的去外消旋化，可通过调节与中心金属离子（原子）配位的手性配体的电子效应和位阻效应，来控制反应的立体选择性。在去外消旋化反应的两个相反的化学反应过程中，金属催化剂一般通过控制其中一个或两个反应过程实现反应立体选择性的控制。

1998 年，法国 Levacher 课题组根据 2-甲基-4-苯基四氢异喹啉的结构特征，采用（—）-鹰爪豆碱[（—）-Sparteine]作为手性配体，通过去质子化-质子化串联反应首次实现了 4-取代四氢异喹啉化合物的去外消旋化反应（图 2-83）[122]。2-甲基-4-苯基四氢异喹啉的 C-4 位质子酸性较弱，需采用强碱脱除质子。Levacher 课题组通过在低温条件下，采用仲丁基锂为催化剂，（—）-鹰爪豆碱为手性配体，通过原位形成的手性锂试剂拔除 2-甲基-4-苯基四氢异喹啉的 C-4 位质子，形成手性碳负离子中间体。随后经非手性质子源质子化合成（R）-4-苯基-2-甲基四氢异喹啉，并取得 60% 的收率及 88% 的对映选择性。通过氘代甲醇提供质子化试剂淬灭反应时，发现其 C-4 位氘代率可达 95%，这说明通过该策略实现 4-芳基四氢异喹啉的去外消旋化具有可行性。该策略同样可以应用于二芳基甲烷衍生物的去外消旋化反应，如 2-(1-苯基乙基)吡啶，在相同条件下以酚类化合物作为质子淬灭剂时，可取得 65% 的对映选择性。

随后，该课题组经进一步研究发现，若采用非手性强碱仲丁基锂拔除 C-4 位质子，再通过手性质子源对底物进行质子化淬灭反应，同样可实现其去外消旋化反应[123]。通过对手性质子源，如手性醇、手性醇胺、手性二胺等的考察发现，以手性（R）-1-(2-甲胺基-5-氯苯基）四氢异喹啉作为质子供体时，可实现 2-(1-苯基乙基）吡啶的去外消旋化，最终

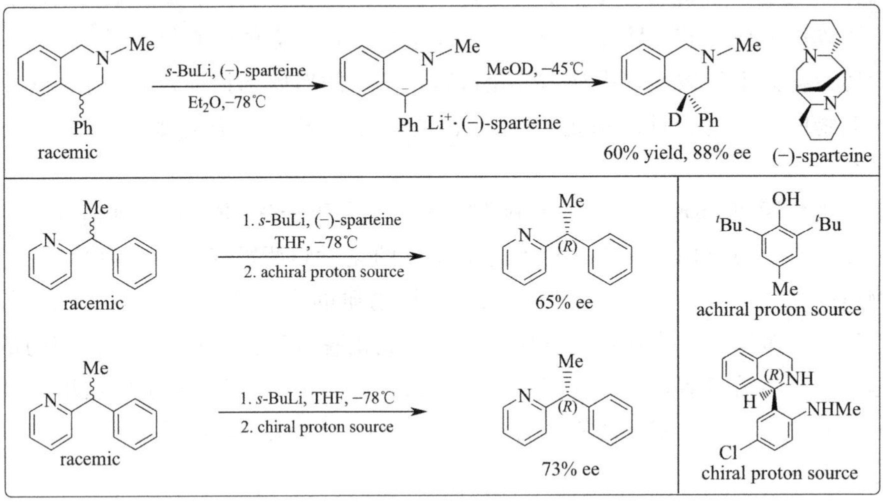

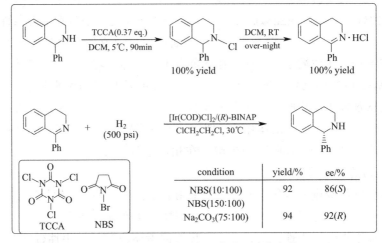

图 2-83 金属催化胺的去外消旋化反应

以 73%的对映选择性得到目标化合物。该策略中反应的立体选择性是由手性质子源来决定的。

不仅如此，氧化还原组合策略同样也是实现四氢异喹啉化合物的去外消旋化的一种选择。在这一过程中，应避免氧化剂与还原剂的相互淬灭，因此，选择合适的氧化体系和还原体系就显得至关重要。基于此，周永贵研究员课题组通过文献调研发现，Pallavicini 小组报道了三氯异氰尿酸（TCCA）促进的 1-苯基-1,2,3,4-四氢异喹啉化合物的氧化脱氢反应（图 2-84）[124]。它可与三氯异氰尿酸（TCCA）反应生成 1-苯基-2-氯-1,2,3,4-四氢异喹啉，随后脱去氯化氢，即可得到亚胺盐酸盐。若向反应体系中加入无机碱氢氧化钾等，可以加速该反应。而卤素添加剂如 TCCA、NBS 等，在铱催化不对称氢化反应中，可以将一价铱催化剂氧化为三价，从而提高催化剂的催化能力[125]。此外，研究发现，增大卤素添加剂的用量，不对称氢化反应仍可以顺利进行，并且取得优异的对映选择性。

condition	yield/%	ee/%
NBS(10:100)	92	86(*S*)
NBS(150:100)		
Na_2CO_3(75:100)	94	92(*R*)

图 2-84 TCCA 氧化与铱催化不对称氢化

基于此，周永贵研究员课题组设想将卤素添加剂作为氧化剂和铱催化不对称氢化结合，用于 1-取代四氢异喹啉化合物的去外消旋化。其反应过程如图 2-88 所示：首先，1-取代-1,2,3,4-四氢异喹啉与 TCCA 反应，生成 N-氯取代产物，接着原位脱去氯化氢生成 1-取代-3,4-二氢异喹啉盐酸盐，完成氧化反应；随后，亚胺中间体在过渡金属铱催化下发生不对称氢化，得到手性氢化产物，最终实现 1-取代-1,2,3,4-四氢异喹啉的去外消旋化。

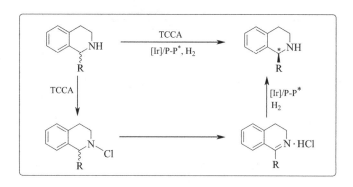

图 2-85　TCCA 氧化/过渡金属铱催化胺的去外消旋化策略

基于这样的设想和前期调研工作，周永贵研究员课题组通过发展有效的氧化脱氢/不对称氢化催化体系，高对映选择性地实现了过渡金属铱催化的以四氢异喹啉为核心骨架的二级胺、三级胺的去外消旋化反应（图 2-86）[126]。从外消旋四氢异喹啉出发，采用 N-溴代丁二酰亚胺（NBS）为氧化剂，[Ir(COD)Cl]$_2$/(R)-SynPhos 为催化剂，巧妙地将 NBS 氧化四氢异喹啉和铱催化不对称氢化结合，成功地实现了四氢异喹啉骨架二级胺、三级胺化合物的去外消旋化，最高以 93% 的收率和 98% 的 ee 值得到目标产物。研究发现，采用含溴卤素的添加剂时，如 NBS 和二溴海因（DBDMH）反应可以取得优异的对映选择性；而 N-氯代或碘代丁二酰亚胺作为卤素添加剂时，反应对映选择性较差。配体的电子效应对三级胺的去外消旋化具有显著影响，采用吸电子的配体(R)-DifluorPhos 时，反应只有 47% 的对映选择性。此外，通过氘代实验证明，C-1 位质子氘代率可高达 90%，这是保证产物获得高对映选择性的关键因素。不仅如此，1-苯基-3,4-二氢异喹啉可在标准条件下反应，并且同样取得 98% 的 ee 值，证明去外消旋反应是经亚胺中间体进行的。总之，该策略成功的关键在于氧化反应速率远远大于还原速率，且氧化剂与还原剂之间不易相互淬灭。

（2）有机催化胺的去外消旋化

有机小分子催化胺的去外消旋化反应，目前鲜有报道。这主要是由于反应中氧化剂及还原剂易相互淬灭，而氧化反应的效率低，不利于反应对映选择性的提高。也就是说，从时间上将氧化剂与还原剂隔离不具有现实性；而从空间上将氧化剂与还原剂进行隔离同样具有一定的难度。

直到 2013 年，Toste 小组开创性地采用水、油、固三相反应体系，通过相分离手段，成功地实现了吲哚啉和四氢喹啉的去外消旋化（图 2-87）[127]。该小组以手性膦酸作为催

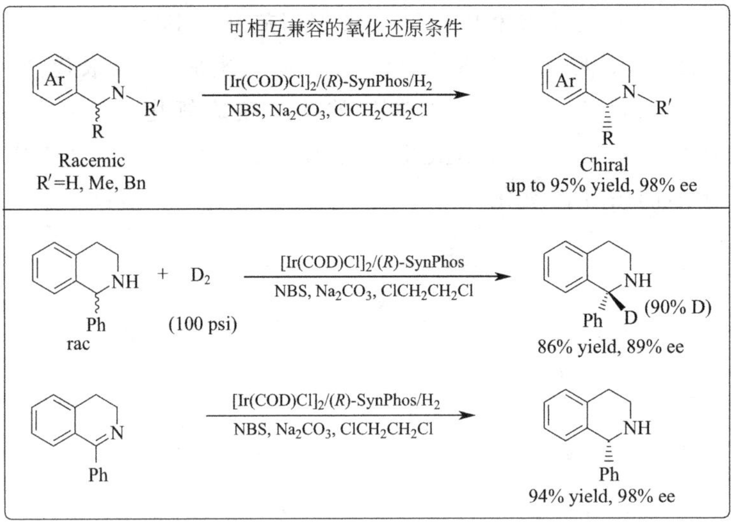

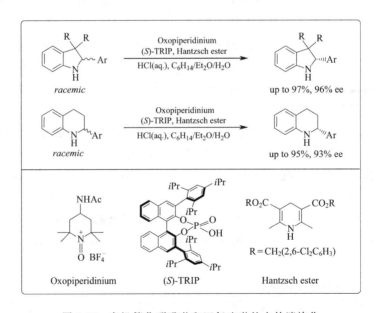

图 2-86　NBS 氧化/过渡金属铱催化四氢异喹啉的去外消旋化

化剂，哌啶氧鎓盐为氧化剂，汉栖酯为还原剂，将胺的氧化和氧化产物亚胺的不对称转移氢化反应巧妙地结合，以高回收率和高对映选择性得到手性吲哚啉和四氢喹啉，且最高可得 96% 的收率和 97% 的对映选择性。

图 2-87　有机催化吲哚啉和四氢喹啉的去外消旋化

　　相分离手段可以有效地避免氧化剂和还原剂之间的相互淬灭。而氧化反应和还原反应可以分别同时在水/油界面和固/油界面上进行，空间上的隔离有效地避免了氧化剂和还原剂的相互淬灭（图 2-88）。采用相分离手段实现的去外消旋化反应，如果不涉及气体参与的反应，则通常通过两种及以上不互溶的混合溶剂来实现，且氧化剂与还原剂在这两种溶剂中的溶解性应有所不同。而在上述周永贵课题组介绍的过渡金属铱催化的四氢异喹啉化合物的去外消旋化反应，同时也是通过相分离手段实现的。氧化剂 N-溴代丁二酰亚胺（溶解于有机相中），还原剂为氢气（气相），二者分属于两个不同的相，可在一定程度上避免氧化剂和还原剂的应用。在氧化反应中，氧化剂将四氢异喹啉氧化为亚胺，亚胺同时与反应中产生的溴化氢成盐，随后通过碳酸钠中和得到相应的亚胺；由于碳酸钠为固体，因此该过程是在固/油界面上进行；而还原反应，即中间体亚胺的还原是通过过渡金属催化的不对称氢化反应在气/油界面实现的。

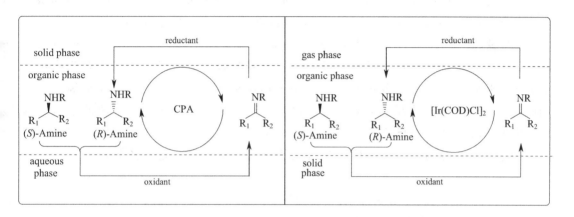

图 2-88　相分离策略

相分离策略是通过一锅法而非分步操作来实现的，避免了实验过程中繁琐的操作步骤。尽管通过相分离策略实现的去外消旋化反应未能得到广泛的应用，但它为有机胺化合物的去外消旋化反应，尤其是四氢异喹啉化合物的去外消旋化反应，提供了一条简单便捷且有效的策略。

生物酶促进的化学反应，通常具有高度专一性，即高化学选择性和高对映选择性，且反应条件温和。因此生物酶促进的去外消旋化反应受到化学家们的广泛关注。目前，通过生物酶促进的有机胺去外消旋化反应仍是最主要的一类去外消旋化策略。

2.4　手性四氢异喹啉化合物化学合成策略的发展前景与展望

随着化学合成策略的不断发展，四氢异喹啉的对映选择性合成已经取得了重要的研究进展。但考虑到手性四氢异喹啉化合物仍是一类重要的天然产物及药物分子的核心骨架，因此发展一些新的操作简单、原料易得、极具原子经济性且环境友好的策略来合成手性四氢异喹啉，仍具有重要研究意义。

手性四氢异喹啉化合物的化学合成策略的研究方向，主要包括以下几个方面：

（1）丰富四氢异喹啉化合物数据库

手性四氢异喹啉化合物的化学结构具有多样性，结构不同，其活性则不同。目前，对于手性四氢异喹啉化合物的探索主要着重于三级碳手性中心的构建，而对于手性季碳取代四氢异喹啉化合物的研究较少。研究发现，C-1 位季碳取代四氢异喹啉化合物具有丰富的生理活性，是一类潜在的重要的中枢神经系统类药物。因此，发展一些高效的方法来实现季碳取代四氢异喹啉化合物的合成是具有重要研究价值和现实意义的。

（2）探索双向对映选择性合成策略

药物的手性直接关系到药物的药理作用、临床效果，药效发挥，毒副作用等，明确药物分子的两种对映异构体的生理活性及毒理研究数据等具有重要意义。因此，同时合成外消旋化合物的两个对映异构体，对于手性药物的毒理研究来说具有非常重要的意义。

一般来说，手性化合物的对映异构体是通过两种相反构型的拆分试剂或配体来获得的。因此，这就要求必须同时获得拆分试剂或配体的对映异构体。这对于一些经由天然产物转化而获得拆分试剂或配体是很难实现的，如氨基酸、生物碱等。不仅如此，同时合成拆分试剂或配体的一对对映异构体，也会造成手性资源的浪费。因此，发展一种仅通过对反应中一些非手性因素进行调节，使用单一手性源实现两种不同构型的对映异构体合成，即双向对映选择性合成策略，是一条非常有效且手性源经济性的策略。

（3）大力发展高效催化不对称化学合成策略

目前，通过不对称化学合成催化策略主要是通过两类催化体系实现：一种是手性金属配合物催化体系；另一种则是有机小分子催化体系。

通过手性金属配合物催化体系催化实现四氢异喹啉化合物不对称合成，是最常用的一种策略之一。手性金属配合物催化剂的自身特点，使其应用受到限制：①金属催化剂，尤其是过渡金属催化剂，价格昂贵，使用成本较高；②手性金属配合物催化剂通常为均相不对称催化体系，催化剂回收难度大，易造成资源浪费；③一般化学反应中，催化剂的用量通常为（0.01∶100）～（1∶100），催化活性也有待提高。

针对上述问题，一方面我们要大力发展一些廉价金属作为催化剂，同时提高催化剂的催化活性，降低催化剂用量；另一方面，发展手性金属配合物催化剂，如将催化剂负载于固相，并将其用于非均相催化相催化体系，便于催化剂的回收再利用。

通过有机小分子催化体系催化实现四氢异喹啉化合物不对称合成，近年来得到了蓬勃发展。有机小分子作为催化剂时，其催化活性通常远远低于金属催化体系，且催化剂的用量一般为（10∶100）～（20∶100）。不仅如此，有机小分子催化剂同样面临回收难度大等问题。

基于此，发展一些新的催化体系，采用一些天然产物作为手性催化剂，如天然氨基酸、手性胺、手性酸等为手性催化剂，降低催化合成成本。

鉴于化学合成策略较生物酶催化策略的明显优势，通过不对称化学合成策略实现四氢异喹啉生物碱的合成仍是今后研究的重点课题之一。

参考文献

[1]　Selected reviews: （a）Scott，J. D.；Williams，R. M. Chemistry and biology of the tetrahydroisoquinoline antitumor antibiotics. *Chem. Rev.* **2002**，*102*：1669-1730. （b）Liu，W.；Liu，S.；Jin，R.；Guo，H.；Zhao，J. Novel strategies for catalytic asymmetric synthesis of C1-chiral 1，2，3，4-tetrahydroisoquinolines and 3，4-dihydrotetra-hydroisoquinolines. *Org. Chem. Front.* **2015**，*2*：288-299.

[2]　Wang，Z.；Yang，Z.；Chen，D.；Liu，X.；Lin，L.；Feng，X. Highly enantioselective Michael addition of pyrazolin-5-ones catalyzed by chiral metal/N，N'-dioxide complexes：metal-directed switch in enantioselectivity. *Angew. Chem. Int. Ed.* **2011**，*50*：4928-4932.

[3]　（a）Zeng，W.；Chen，G.-Y.；Zhou，Y.-G.；Li，Y.-X. Hydrogen-bonding directed reversal of enantioselectivity. *J. Am. Chem. Soc.* **2007**，*129*：750-751. （b）Lutz，F.；Igarashi，T.；Kinoshita，T.；Asahina，M.；Tsukiyama，K.；Kawasaki，T.；Soai，K. Mechanistic insights in the reversal of enantioselectivity of chiral catalysts by achiral catalysts in asymmetric autocatalysis. *J. Am. Chem. Soc.* **2008**，*130*：2956-2958. （c）Tin，S.；Fanjulb，T.；Clarke，M. L. Remarkable co-catalyst effects on the enantioselective hydrogenation of unfunctionalised enamines：both enantiomers of product from the same enantiomer of catalyst. *Catal. Sci. Technol.* **2016**，*6*：677-680.

[4]　（a）Sohtome，Y.；Tanaka，S.；Takada，K.；Yamaguchi，T.；Nagasawa，K. Solvent-dependent enantiodivergent Mannich-type reaction：utilizing a conformationally flexible guanidine/bisthiourea organocatalyst. *Angew. Chem. Int. Ed.* **2010**，*49*：9254-9257. （b）Haddad，N.；Qu，B.；Rodriguez，S.；van der Veen，L.；Reeves，D. C.；Gonnella，N. C.；Lee，H.；Grinberg，N.；Ma，S.；Krishnamurthy，D.；Wunberg，T.；Senanayake，C. H. Catalytic asymmetric hydrogenation of heterocyclic ketone-derived hydrazones，pronounced solvent effect on the inversion of configuration. *Tetrahedron Lett.* **2011**，*52*：3718-3722. （c）Yu，H.；Xie，F.；Ma，Z.；Liu，Y.；Zhang，W. The effects of solvent on switchable stereoselectivity：copper-catalyzed asymmetric conjugate additions using D2-symmetric biphenyl phosphoramidite ligands. *Org. Biomol. Chem.* **2012**，*10*：5137-5142. （d）Burés，J.；Dingwall，P.；Armstrong，A.；Blackmond，D. G. Rationalization of an unusual solvent-induced inversion of enantiomeric excess in organocatalytic selenylation of aldehydes. *Angew. Chem. Int. Ed.* **2014**，*53*：8700-8704. （e）Vijaya，P. K.；Murugesan，S.；Siva，A. Unexpected solvent/substitution-dependent inversion of the enantioselectivity in Michael addition reaction using chiral phase transfer catalysts. *Tetrahedron Lett.* **2015**，*56*：5209-5212.

[5]　（a）Arseniyadis，S.；Subhash，P. V.；Valleix，A.；Mathew，S. P.；Blackmond，D. G.；Wagner，A.；Mioskowski，C. Tuning the enantioselective N-acetylation of racemic amines：a spectacular salt effect. *J. Am. Chem. Soc.* **2005**，*127*：6138-6139. （b）Abermil，N.；Masson，G.；Zhu，J. Invertible enantioselectivity in 6'-deoxy-6'-acylamino-β-isocupreidine-catalyzed asymmetric aza-Morita-Baylis-Hillman reaction：key role of achiral additive. *Org. Lett.* **2009**，*11*：4648-4651. （c）Blackmond，D. G.；Moran，A.；Hughes，M.；Armstrong，A. Unusual reversal of enantioselectivity in the proline-mediated α-amination of aldehydes induced by tertiary amine additives. *J. Am. Chem. Soc.* **2010**，*132*：7598-7599. （d）Moteki，S. A.；Han，J.；Arimitsu，S.；Akakura，M.；Nakayama，K.；Maruoka，K. An achiral-acid-induced switch in the enantioselectivity of a chiral cis-diamine-based organocatalyst for asymmetric aldol and Mannich reactions. *Angew. Chem. Int. Ed.* **2012**，*51*：1187-1190. （e）Wang，D.；Cao，P.；Wang，B.；Jia，T.；Lou，Y.；Wang，M.；Liao，J. Copper（Ⅰ）-catalyzed asymmetric pinacolboryl addition of N-Boc-imines using a chiral sulfoxide-phosphine ligand. *Org. Lett.* **2015**，*17*：2420-2423.

[6]　（a）Chan，V. S.；Chiu，M.；Bergman，R. G.；Toste，F. D. Development of ruthenium catalysts for the enantioselective synthesis of P-stereogenic phosphines *via* nucleophilic phosphido intermediates. *J. Am. Chem. Soc.* **2009**，*131*：6021-6032. （b）Chaubey，N. R.；Ghosh，S. K. A remarkable temperature effect in the desymmetrisation of bridged *meso*-tricyclic succinic anhydrides with chiral oxazolidin-2-ones. *RSC Adv.* **2011**，*1*：393-396.

[7] (a) Szőri, K.; Balázsik, K.; Cserényi, S.; Szöllősi, G.; Bartók, M. Inversion of enantiose-lectivity in the 2, 2, 2-trifluoroacetophenone hydrogenation over Pt-alumina catalyst modified by cinchona alkaloids. *Appl. Catal. A: Gen.* **2009**, *362*: 178-184. (b) Shibata, N.; Okamoto, M.; Yamamoto, Y.; Sakaguchi, S. Reversal of stereoselectivity in the Cu-catalyzed conjugate addition reaction of dialkylzinc to cyclic enone in the presence of a chiral azolium compound. *J. Org. Chem.* **2010**, *75*: 5707-5715. (c) Szőlősi, G.; Busygin, I.; Hermán, B.; Leino, R.; Bucsi, I.; Murzin, D. Y.; Fülöp, F.; Bartók, M. Inversion of the enantioselectivity in the hydrogenation of (*E*)-2,3-diphenylpropenoic acids over Pd modified by cinchonidine silyl ethers. *ACS Catal.* **2011**, *1*: 1316-1326. (d) Ding, Z.-Y.; Chen, F.; Qin, J.; He, Y.-M.; Fan, Q.-H. Asymmetric hydrogenation of 2, 4-disubstituted 1, 5-benzodiazepines using cationic ruthenium diamine catalysts: an unusual achiral counteranion induced reversal of enantioselectivity. *Angew. Chem. Int. Ed.* **2012**, *51*: 5706-5710. (e) Ord ó ñez, M.; Hernández-Fernández, E.; Rojas-Cabrera, H.; Labastida-Galván, V. Reversal of diastereo- selectivity in the benzylation of the lithium enolates of phosphonopropanoamides by changing the base equivalents. *Tetrahedron: Asymmetry.* **2008**, *19*: 2767-2770. (f) Ivšić, T.; Hameršak, Z. Inversion of enantioselectivity in quinine-mediated desymmetrization of glutaric meso-anhydrides. *Tetrahedron: Asymmetry.* **2009**, *20*: 1095-1098.

[8] 唐除痴，周正洪著．不对称反应概论．天津:南开大学出版社， 2017.

[9] Li, X.; Coldham, I. Synthesis of 1, 1-disubstituted tetrahydroisoquinolines by lithiation and substitution, with in situ IR spectroscopy and configurational stability studies. *J. Am. Chem. Soc.* **2014**, *136*: 5551-5554.

[10] Zhu, C.-Z.; Feng, J.-J.; Zhang, J. Rhodium-catalyzed intermolecular [3+3] cycloaddition of vinyl aziridines with *C*, *N*-cyclic azomethine imines: stereospecific synthesis of chiral fused tricyclic 1, 2, 4-hexahydrotriazines. *Chem. Commun.* **2017**, *53*: 4688-4691.

[11] Couture, A.; Deniau, E.; Grandclaudon, P.; Lebrun, S. Asymmetric synthesis of (+)- and (−)-latifine. Tetrahedron: *Asymmetry* **2003**, *14*: 1309-1316.

[12] Louafi, F.; Moreau, J.; Shahane, S.; Golhen, S.; Roisnel, T.; Sinbandhit, S.; Hurvois, J.-P. Electrochemical synthesis and chemistry of chiral 1-cyanotetrahydroisoquinolines. an approach to the asymmetric syntheses of the alkaloid (−)-Crispine A and its natural (+)-Antipode. *J. Org. Chem.* **2011**, *76*: 9720-9732.

[13] Leithe, W. Über die natürliche Drehung des polarisierten lichites durch optisch aktive basen iv. die drehung einiger synthetischer isochinolin derivate. *Monasch. Chem.* **1929**, *53-54*: 956-962.

[14] Naito, R.; Yonetoku, Y.; Okamoto, Y.; Toyoshima, A.; Ikeda, K.; Takeuchi, M. Synthesis and antimuscarinic properties of quinuclidin-3-yl-1, 2, 3, 4-tetrahydroisoquinoline-2-carboxylate derivatives as novel muscarinic receptor antagonists. *J. Med. Chem.* **2005**, *48*: 6597-6606.

[15] Zhu, R.; Xu, Z.; Ding, W.; Liu, S.; Shi, X.; Lu, X. Efficient and practical syntheses of enantiomerically pure (S)-(−)-Norcryptostyline Ⅰ, (S)-(-)-Norcryptostyline Ⅱ, (*R*)-(+)-Salsolidine and (S)-(-)-Norlaudanosine via a resolution-racemization method. *Chin. J. Chem.* **2014**, *32*:1039-1048.

[16] Moss, G. P. Basic terminology of stereochemistry (IUPAC Recommendations 1996). *Pure Appl. Chem.* **1996**, *68*:2193-2222.

[17] Binanzer, M.; Sheng-Ying Hsieh, Jeffrey W. Bode. Catalytic kinetic resolution of cyclic secondary amines. *J. Am. Chem. Soc.* **2011**, *133*:19698-19701.

[18] Lu, R.; Cao, L.; Guan, H.; Liu, L. Iron-catalyzed aerobic dehydrogenative kinetic resolution of cyclic secondary amines. *J. Am. Chem. Soc.* **2019**, *141*:6318-6324.

[19] Blacker, A. J.; Stirling, M. J.; Page, M. I. Catalytic racemisation of chiral amines and application in dynamic kinetic resolution. *Org. Process Res. Dev.* **2007**, *11*:642-648.

[20] Zhu, R.; Xu, Z.; Ding, W.; Liu, S.; Shi, X.; Lu, X. Efficient and practical syntheses of enantiomerically

pure （S）-（－）-Norcryptostyline Ⅰ, （S）-（－）-Norcryptostyline Ⅱ, （R）-（＋）-Salsolidine and （S）-（-）-Norlaudanosine *via* a resolution-racemization method. *Chin. J. Chem.* **2014**, *32*:1039-1048.

[21]　Bolchi, C.; Pallavicini, M.; Fumagalli, L.; Straniero, V.; Valoti, E. One-pot racemization process of 1-phenyl-1, 2, 3, 4-tetrahydroisoquinoline:a key intermediate for the antimuscarinic agent Solifenacin. *Org. Process Res. Dev.* **2013**, *17*:432-437.

[22]　Pictet, A.; Spengler, T. Über die bildung von isochinolin-derivaten durch einwirkung von methylal auf phenyl-äthylamin, phenyl-alanin und tyrosin. *Ber. Dtsch. Chem. Ges.* **1991**, *44*:2030-2036.

[23]　Mons, E.; Wanner, M. J.; Ingemann, S.; van Maarseveen, J. H.; Hiemstra, H. Organocatalytic enantioselective Pictet-Spengler reactions for the syntheses of 1-substituted 1, 2, 3, 4-tetra- hydroisoquinolines. *J. Org. Chem.* **2014**, *79*:7380-7390.

[24]　Horiguchi, Y.; Kodama, H.; Nakamura, M.; Yoshimura, T.; Hanezi, K.; Hamada, H.; Saitoh, T.; Sano, T. A convenient synthesis of 1, 1-disubstituted 1, 2, 3, 4-tetrahydroisoquinolines via Pictet-Spengler reaction using titanium (Ⅳ) isopropoxide and acetic-formic anhydride. *Chem. Pharm. Bull.* **2002**, *50*:253-257.

[25]　Hegedus, A.; Hell, Z. One-step preparation of 1-substituted tetrahydroisoquinolines via the Pictet-Spengler reaction using zeolite catalysts. *Tetrahedron Lett.* **2004**, *45*:8553-8555.

[26]　Eynden, M. J. V.; Kunchithapatham, K.; Stambuli, J. P. Calcium-promoted Pictet-Spengler reactions of ketones and aldehydes. *J. Org. Chem.* **2010**, *75*:8542-8549.

[27]　Wang, L. N.; Shen, S. L.; Qu, J. Simple and efficient synthesis of tetrahydro-β-carbolines via the Pictet-Spengler reaction in 1, 1, 1, 3, 3, 3-hexafluoro-2-propanol （HFIP）. *RSC Adv.* **2014**, *4*:30733.

[28]　Zhao, J.; Méndez-Sánchez, D.; Ward, J. M.; Hailes, H. C. Biomimetic phosphate-catalyzed Pictet-Spengler reaction for the synthesis of 1, 1'-disubstituted and spiro-tetrahydro-isoquinoline alkaloids. *J. Org. Chem.* **2019**, *84*:7702-7710.

[29]　Takasu, K.; Maiti, S.; Ihara, M. Asymmetric intramolecular aza-michael reaction using enviromentally friendly organocatalysis. *Heterocycles* **2003**, *59*:51-55.

[30]　Fustero, S.; Moscardó, J.; Jimónez, D.; Pérez-Carrión, M. D.; Sánchez-Roselló, M.; del Pozo, C. Organocatalytic approach to benzofused nitrogen-containing heterocycles:enantioselective total synthesis of （＋）-Angustureine. C. *Chem. Eur. J.* **2008**, *14*:9868-9872.

[31]　Roy, T. K.; Parhi, B.; Ghorai, P. Cinchonamine squaramide catalyzed asymmetric azamichael reaction:dihydroisoquinolines and tetrahydropyridines. *Angew. Chem. Int. Ed.* **2018**, *57*:9397-9401.

[32]　Jiang, J.; Ma, X.; Ji, C.; Guo, Z.; Shi, T.; Liu, S.; Hu, W. Ruthenium (Ⅱ)/chiral Brønsted acid cocatalyzed enantioselective four-component reaction/cascade aza-Michael addition for efficient construction of 1, 3, 4-tetrasubstituted tetrahydroisoquinolines. *Chem. Eur. J.* **2014**, *20*:1505-1509.

[33]　Das, B. G.; Shah, S.; Singh, V. K. Copper catalyzed one-pot three-component imination-alkynylation-aza-michael sequence:enantio- and diastereoselective syntheses of 1, 3-disubstituted isoindolines and tetrahydroisoquinolines. *Org. Lett.* **2019**, *21*:4981-4985.

[34]　Ito, K.; Akashi, S.; Saito, B.; Katsuki, T. Asymmetric intramolecular allylic amination:straightforward approach to chiral C1-substituted tetrahydroisoquinolines. *Synlett* **2003**, *12*:1809-1812.

[35]　Teichert, J. F.; Fañanás-Mastral, M.; Feringa, B. L. Iridium-catalyzed asymmetric intra-molecular allylic amidation:enantioselective synthesis of chiral tetrahydroisoquinolines and saturated nitrogen heterocycles. *Angew. Chem. Int. Ed.* **2011**, *50*:688-691.

[36]　Ogata, T.; Ujihara, A.; Tsuchida, S.; Shimizu, T.; Kaneshige, A.; Tomioka, K. Catalytic asymmetric intramolecular hydroamination of aminoalkenes. *Tetrahedron Lett.* **2007**, *48*:6648-6650.

[37]　Nájera, C.; Sansano, J. M.; Yus, M. 1, 3-Dipolar cycloadditions of azomethine imines. *Org. Biomol. Chem.* **2015**, *13*:8596-8636.

[38] Tamura Y.; Minamikawa, J.-I.; Miki, Y.; Okamoto, Y.; Ikeda, M.; *N*-Acylimino-3, 4-dihydroisoquinolin ium betaine. *Yakugaku Zasshi*, **1973**: 93: 648-653.

[39] Hashimoto, T.; Maeda, Y.; Omote, M.; Nakatsu, H.; Maruoka, K. Catalytic enantioselective 1, 3-dipolar cycloaddition of C, N-Cyclic azomethine imines with α, β-unsaturated aldehydes. *J. Am. Chem. Soc.* **2010**, *132*: 4076-4077.

[40] Milosevic, S.; Togni, A. Enantioselective 1, 3-dipolar cycloaddition of *C*, *N*-cyclic azomethine imines to unsaturated nitriles catalyzed by Ni (Ⅱ)-Pigiphos. *J. Org. Chem.* **2013**, *78*: 9638-9646.

[41] Qurban, S.; Du, Y.; Gong, J.; Lin, S.-X.; Kang, Q. Enantioselective synthesis of tetrahydroisoquinoline derivatives *via* chiral-at-metal rhodium complex catalyzed [3+2] cycloaddition. *Chem. Commun.* **2019**, *55*: 249-252.

[42] Wang, C.; Chen, L.-A.; Huo, H.; Shen, X.; Harms, K.; Gong, L.; Meggers, E. Asymmetric Lewis acid catalysis directed by octahedral rhodium centrochirality. *Chem. Sci.* **2015**, *6*: 1094-1100.

[43] Zhou, Y.-Y.; Li, J.; Ling, L.; Liao, S.-H.; Sun, X.-L.; Li, Y.-X.; Wang, L.-J.; Tang, Y. Highly enantioselective [3+3] cycloaddition of aromatic azomethine imines with cyclopropanes directed by π-π stacking interactions. *Angew. Chem. Int. Ed.* **2013**, *52*: 1452-1456.

[44] Wang, Y.; Zhu, L.; Wang, M.; Xiong, J.; Chen, N.; Feng, X.; Xu, Z.; Jiang, X. Catalytic asymmetric [4+3] annulation of C, N-Cyclic azomethine imines with copper allenylidenes. *Org. Lett.* **2018**, *20*: 6506-6510.

[45] Wang, D.; Lei, Y.; Wei, Y.; Shi, M. A. Phosphine-catalyzed novel asymmetric [3+2] cycloaddition of C, N-Cyclic azomethine imines with d-substituted allenoates. *Chem. Eur. J.* **2014**, *20*: 15325-15330.

[46] Zhang, L.; Liu, H.; Qiao, G.; Hou, Z.; Liu, Y.; Xiao, Y.; Guo, H. Phosphine-catalyzed highly enantioselective [3+3] cycloaddition of Morita-Baylis-Hillman carbonates with C, N-Cyclic azomethine imines. *J. Am. Chem. Soc.* **2015**, *137*: 4316-4320.

[47] Hashimoto, T.; Omote, M.; Maruoka, K. Asymmetric inverse-electron-demand 1, 3-dipolar cycloaddition of C, N-Cyclic azomethine imines: an umpolung strategy. *Angew. Chem. Int. Ed.* **2011**, *50*: 3489-3492.

[48] Li, W.; Jia, Q.; Du, Z.; Zhang, K.; Wang, J. Amine-catalyzed enantioselective 1, 3-dipolar cycloadditions of aldehydes to C, N-Cyclic azomethine imines. *Chem. Eur. J.* **2014**, *20*: 4559-4563.

[49] Liu, X.; Yang, D.; Wang, K.; Zhang, J.; Wang, R. A catalyst-free 1, 3-dipolar cycloaddition of C, N-Cyclic azomethine imines and 3-nitroindoles: an easy access to five-ring-fused tetrahydroisoquinolines. *Green Chem.* **2017**, *19*: 82-87.

[50] Taylor, A. M.; Schreiber, S. L. Enantioselective addition of terminal alkynes to isolated isoquinoline iminiums. *Org. Lett.* **2006**, *8*: 143-146.

[51] Taylor, M. S.; Tokunaga, N.; Jacobsen, E. N. Enantioselective thiourea-catalyzed acyl-mannich reactions of isoquinolines. *Angew. Chem. Int. Ed.* **2005**, *44*: 6700-6704.

[52] Sasamoto, N.; Dubs, C.; Hamashima, Y.; Sodeoka, M. Pd (Ⅱ)-catalyzed asymmetric addition of malonates to dihydroisoquinolines. *J. Am. Chem. Soc.* **2006**, *128*: 14010-14011.

[53] Amarasinghe, N. R.; Turner, P.; Todd, M. H. The first catalytic, enantioselective aza-Henry reaction of an unactivated cyclic imine. *Adv. Synth. Catal.* **2012**, *354*: 2954-2958.

[54] Zheng, Q.-H.; Meng, W.; Jiang, G.-J.; Yu, Z.-X. CuI-catalyzed C1-alkynylation of tetrahydroisoquinolines (THIQs) by A^3 reaction with tunable iminium ions. *Org. Lett.* **2013**, *15*: 5928-5931.

[55] Lin, W.; Cao, T.; Fan, W.; Han, Y.; Kuang, J.; Luo, H.; Miao, B.; Tang, X.; Yu, Q.; Yuan, W.; Zhang, J.; Zhu, C.; Ma, S. Enantioselective double manipulation of tetrahydroisoquinolines with terminal alkynes and aldehydes under copper (Ⅰ) catalysis. *Angew. Chem. Int. Ed.* **2014**, *53*: 277-281.

[56] Hashimoto, T.; Omote, M.; Maruoka, K. Catalytic asymmetric alkynylation of C1-substituted C, N-Cyclic azomethine imines by CuI/chiral Brønsted acid co-catalyst. *Angew. Chem. Int. Ed.* **2011**, *50*: 8952-8955.

[57] Li, D.; Yang, D.; Wang, L.; Liu, X.; Wang, K.; Wang, J.; Wang, P.; Liu, Y.; Zhu, H.; Wang, R. An efficient nickel-catalyzed asymmetric oxazole-forming Ugi-type reaction for the synthesis of chiral aryl-substituted THIQ rings. *Chem. Eur. J.* **2017**, *23*: 6974-6978.

[58] Zhang, D.; Liu, J.; Kang, Z.; Qiu, H.; Hu, W. A rhodium-catalysed three-component reaction to access C1-substituted tetrahydroisoquinolines. *Org. Biomol. Chem.* **2019**, *17*: 9844-9848.

[59] Wang, S.; Onaran, M. B.; Seto, C. T. Enantioselective synthesis of 1-aryltetrahydroisoquinolines. *Org. Lett.* **2010**, *12*: 2690-2693.

[60] Takamura, M.; Funabashi, K.; Kanai, M.; Shibasaki, M. Asymmetric Reissert-type reaction promoted by bifunctional catalyst. *J. Am. Chem. Soc.* **2000**, *122*: 6327-6328.

[61] Funabashi, K.; Ratni, H.; Kanai, M.; Shibasaki, M. Enantioselective construction of quaternary stereocenter through a Reissert-Type reaction catalyzed by an electronically tuned bifunctional catalyst: efficient synthesis of various biologically significant compounds. *J. Am. Chem. Soc.* **2001**, *123*: 10784-10785.

[62] Brózda, D.; Hoffman, K.; Rozwadowska, M. D. Enantioselective alkylation of reissert compounds in phase transfer catalysed reactions. *Heterocycles* **2006**, *67*: 119-122.

[63] Meyers, A. I.; Gonzalez, M. A.; Struzka, V.; Akahane, A.; Guiles, J.; Warmus, J. S. Chiral formamidines. Asymmetric synthesis of 1, 1-disubstituted tetrahydroisoquinolines. *Tetrahedron Lett.* **1991**, *32*: 5501-5504.

[64] Li, X.; Coldham, I. Synthesis of 1, 1-disubstituted tetrahydroisoquinolines by lithiation and substitution, with *in situ* IR spectroscopy and configurational stability studies. *J. Am. Chem. Soc.* **2014**, *136*: 5551-5554.

[65] Shirakawa, S.; Liu, K.; Ito, H.; Nguyen Le, T.; Maruoka, K. Phase-transfer-catalyzed asymmetric synthesis of 1, 1-disubstituted tetrahydroisoquinolines. *Adv. Synth. Catal.* **2011**, *353*: 2614-2618.

[66] Qin, T. Y.; Liao, W. W.; Zhang, Y. -J.; Zhang, S. X. -A. Asymmetric organocatalytic allylic alkylation of Reissert compounds: a facile access to chiral 1, 1-disubstituted 1, 2-dihydroisoquinolines. *Org. Biomol. Chem.* **2013**, *11*: 984-990.

[67] Luu, H. T.; Wiesler, S.; Frey, G.; Streuff, J. A titanium (III) -catalyzed reductive umpolung reaction for the synthesis of 1, 1-disubstituted tetrahydroisoquinolines. *Org. Lett.* **2015**, *17*: 2478-2481.

[68] Li, C. J. Cross-dehydrogenative coupling (CDC): exploring C—C bond formations beyond functional group transformations. *Acc. Chem. Res.* **2009**, *42*: 335-344.

[69] Li, Z.; Li, C. -J. Catalytic enantioselective alkynylation of prochiral sp³ C-H bonds adjacent to a nitrogen atom. *Org. Lett.* **2004**, *6*: 4997-4999.

[70] Zhang, J.; Tiwari, B.; Xing, C.; Chen, X.; Chi, Y. R. Enantioselective oxidative cross-dehydrogenative coupling of tertiary amines to aldehydes. *Angew. Chem. Int. Ed.* **2012**, *51*: 3649-3652.

[71] Zhang, G.; Ma, Y.; Wang, S.; Zhang, Y.; Wang, R. Enantioselective metal/organo-catalyzed aerobic oxidative sp³ C-H olefination of tertiary amines using molecular oxygen as the sole oxidant. *J. Am. Chem. Soc.* **2012**, *134*: 12334-12337.

[72] Zhang, G.; Ma, Y.; Wang, S.; Kong, W.; Wang, R. Chiral organic contact ion pairs in metal-free catalytic enantioselective oxidative cross-dehydrogenative coupling of tertiary amines to ketones. *Chem. Sci.* **2013**, *4*: 2645-2651.

[73] Ma, Y.; Zhang, G.; Zhang, J.; Yang, D.; Wang, R. Organocatalyzed asymmetric oxidative coupling of α-C sp³-H of tertiary amines to α, β-unsaturated γ-butyrolactam: synthesis of MBH-type products. *Org. Lett.* **2014**, *16*: 5358-5361.

[74] Neel, A. J.; Hehn, J. P.; Tripet, P. F.; Toste, F. D. Asymmetric cross-dehydrogenative coupling enabled by the design and application of chiral triazole-containing phosphoric acids. *J. Am. Chem. Soc.* **2013**, *135*: 14044-14047.

[75] Sun, S.; Li, C.; Floreancig, P. E.; Lou, H. Liu, L. Highly enantioselective catalytic cross- dehydrogenative coupling of N-carbamoyl tetrahydroisoquinolines and terminal alkynes. *Org. Lett.* **2015**, *17*:1684-1687.

[76] DiRocco, D. A.; Rovis, T. Catalytic asymmetric α-acylation of tertiary amines mediated by a dual catalysis mode:N-heterocyclic carbene and photoredox catalysis. *J. Am. Chem. Soc.* **2012**, *134*: 8094-8097.

[77] Bergonzini, G.; Schindler, C. S.; Wallentin, C. J.; Jacobsen, E. N.; Stephenson, C. R. J. Photoredox activation and anion binding catalysis in the dual catalytic enantioselective synthesis of β-amino esters. *Chem. Sci.* **2014**, *5*:112-116.

[78] Perepichka, I.; Kundu, S.; Hearne, Z.; Li, C.-J. Efficient merging of copper and photoredox catalysis for the asymmetric cross-dehydrogenative-coupling of alkynes and tetrahydroiso-quinolines. *Org. Biomol. Chem.* **2015**: *13*: 447-451.

[79] Xie, J. H.; Zhou, Q. L. New progress and prospects of transition metal-catalyzed asymmetric hydrogenation. *Acta Chim. Sinica* **2012**, *70*:1427-1438.

[80] Rueping, M.; Sugiono, E.; Schoepke, F. R. Asymmetric Brønsted acid catalyzed transfer hydrogenations. *Synlett* **2010**:852-865.

[81] Church, T. L.; Andersson, P. G. Iridium catalysts for the asymmetric hydrogenation of olefins with nontraditional functional substituents. *Coord. Chem. Rev.* **2008**, *252*:513-531.

[82] Wang, D.-S.; Chen, Q.-A.; Lu, S.-M.; Zhou, Y.-G. Asymmetric hydrogenation of heteroarenes and arenes. *Chem. Rev.* **2012**, *112*:2557-2590.

[83] Bartoszewicz, A.; Ahlsten, N.; Martín-Matute, B. Enantioselective synthesis of alcohols and amines by iridium-catalyzed hydrogenation, transfer hydrogenation, and related processes. *Chem. Eur. J.* **2013**, *19*:7274-7302.

[84] (a) Fleury-Brgeot, N.; de la Fuente, V.; Castillón, S.; Claver, C. Highlights of transition metal-catalyzed asymmetric hydrogenation of imines. *Chem. Cat. Chem.* **2010**, *2*:1346-1371. (b) Yu, Z. K.; Jin, W. W.; Jiang, Q. B. Brønsted acid activation strategy in transition-metal catalyzed asymmetric hydrogenation of N-unprotected imines, enamines, and N-hetero-aromatic compounds. *Angew. Chem.*, *Int. Ed.* **2012**, *51*:6060-6072.

[85] Xie, J. H.; Zhu, S. F.; Zhou, Q. L. Transition metal-catalyzed enantioselective hydrogenation of enamines. *Chem. Rev.* **2011**, *111*:1713-1760.

[86] (a) Lu, S. M.; Han, X. W.; Zhou, Y.-G. Recent advances in asymmetric hydrogenation of heteroaromatic compounds. *Chin. J. Org. Chem.* **2005**, *25*:634-640. (b) Zhou, Y.-G. Asymmetric hydrogenation of heteroaromatic compounds. *Acc. Chem. Res.* **2007**, *40*:1357-1366. (c) He, Y. M.; Song, F. T.; Fan, Q. H. Advances in transition metal-catalyzed asymmetric hydrogenation of heteroaromatic compounds. *Top. Curr. Chem.* **2014**, *343*:145.

[87] (a) Knowles, W. S.; M. J. Sabacky. Catalytic asymmetric hydrogenation employing a soluble, optically active, rhodium complex. *Chem. Commun.* (*London*) 1968:1445-1446. (b) Knowles, W. S.; Sabacky, M. J.; Vineyard, B. D. Catalytic asymmetric hydrogenation. *J. Chem. Soc. Chem. Commun.* 1972:10-11.

[88] Willoughby, C. A.; Buchwald, S. L. Asymmetric titanocene-catalyzed hydrogenation of imines. *J. Am. Chem. Soc.* **1992**, *114*:7562-7564.

[89] Li, C.; Xiao, J. Asymmetric hydrogenation of cyclic imines with an ionic Cp*Rh(Ⅲ) catalyst. *J. Am. Chem. Soc.* **2008**, *130*:13208-13209.

[90] Ding, Z. Y.; Wang, T.; He, Y. M.; Chen, F.; Zhou, H. F. Fan, Q. H.; Guo, Q.; Chan, A. S. C. Highly enantioselective synthesis of chiral tetrahydroquinolines and tetrahydroisoquinolines by ruthenium-catalyzed asymmetric hydrogenation in ionic liquid. *Adv. Synth. Catal.* **2013**, *355*:3727-3735.

[91] Morimoto, T.; Aehiwa, K. An improved diphosphine-iridium (Ⅰ) catalyst system for the asymmetric hydrogenation of cyclic imines:phthalimide as an efficient co-catalyst. *Tetrahedron:Asymmetry* **1995**, *6*:2661-2664.

[92] Chang, M.; Li, W.; Zhang, X. A highly efficient and enantioselective access to tetrahydro- isoquinoline alka-

loids：asymmetric hydrogenation with an iridium catalyst. *Angew. Chem. Int. Ed.* **2011**, *50*：10679-10681.

[93]　Xie, J. H.；Yan, P. C.；Zhang, Q. Q.；Yuan, K. X.；Zhou, Q. L. Asymmetric hydrogenation of cyclic imines catalyzed by chiral spiro iridium phosphoramidite complexes for enantioselective synthesis of tetrahydroisoquino-lines. *ACS Catal.* **2012**, *2*：561-564.

[94]　Nie, H.；Zhu, Y.；Hu, X.；Wei, Z.；Yao, L.；Zhou, G.；Wang, P.；Jiang, R.；Zhang, S. *Org. Lett.* **2019**, *21*：8642-8645.

[95]　Yan, P. C.；Xie, J. H.；Hou, G. H.；Wang, L. X.；Zhou, Q. L. Enantioselective synthesis of chiral tetra-hydroisoquinolines by iridium-catalyzed asymmetric hydrogenation of enamines. *Adv. Synth. Catal.* **2009**, *351*：3243-3250.

[96]　Ji, Y.；Wang, J.；Chen, M. W.；Shi, L.；Zhou, Y. G. Dual stereocontrol for enantioselective hydrogenation of dihydroisoquinolines induced by tuning the amount of *N*-bromosuccinimide. *Chin. J. Chem.* **2018**, *36*：139-142.

[97]　Berhal, F.；Wu, Z.；Zhang, Z.；Ayad, T.；Ratovelomanana-Vidal, V. Enantioselective synthesis of 1-aryl-tetrahydroisoquinolines through iridium catalyzed asymmetric hydrogenation. *Org. Lett.* **2012**, *14*：3308-3311.

[98]　Ružič, M.；Pečavar, A.；Prudic, D.；Kralj, D.；Scriban, C.；Zanotti-Gerosa, A. The development of an asymmetric hydrogenation process for the preparation of Solifenacin. *Org. Process Res. Dev.* **2012**, *16*：1293-1300.

[99]　Schwenk, R.；Togni, A. P-trifluoromethyl ligands derived from Josiphos in the Ir-catalysed hydrogenation of 3, 4-dihydroisoquinoline hydrochlorides. *Dalton Trans.* **2015**, *44*：19566-19575.

[100]　Ji, Y.；Feng, G. S.；Chen, M. W.；Shi, L.；Du, H.；Zhou, Y. G. Iridium-catalyzed asymmetric hydrogen-ation of cyclic iminium salts. *Org. Chem. Front.* **2017**, *4*：1125-1129.

[101]　Lu, S. M.；Wang, Y. Q.；Han, X. W.；Zhou, Y. G. Asymmetric hydrogenation of quinolines and isoquino-lines activated by chloroformates. *Angew. Chem. Int. Ed.* **2006**, *45*：2260-2263.

[102]　Ye, Z. S.；Guo, R. N.；Cai, X. F.；Chen, M. W.；Shi, L.；Zhou, Y. G. Enantioselective iridium- catalyzed hydrogenation of 1- and 3-substituted isoquinolinium salts. *Angew. Chem. Int. Ed.* **2013**, *52*：3685-3689.

[103]　Iimuro, A.；Yamaji, K.；Kandula, S.；Nagano, T.；Kita, Y.；Mashima, K. Asymmetric hydrogenation of isoquinolinium salts catalyzed by chiral iridium complexes：direct synthesis for optically active 1, 2, 3, 4-tetra-hydroisoquinolines. *Angew. Chem. Int. Ed.* **2013**, *52*：2046-2050.

[104]　Wen, J.；Tan, R.；Liu, S.；Zhao, Q.；Zhang, X. Strong Brønsted acid promoted asymmetric hydrogenation of isoquinolines and quinolines catalyzed by a Rh-thiourea chiral phosphine complex *via* anion binding. *Chem. Sci.* **2016**, *7*：3047-3051.

[105]　Chen, M. Wa.；Ji, Y.；Wang, J.；Chen, Q. A.；Shi, L.；Zhou, Y. G. Asymmetric hydrogenation of iso-quinolines and pyridines using hydrogen halide generated in situ as activator. *Org. Lett.* **2017**, *19*：4988-4991.

[106]　Guo, R. N.；Cai, X. F.；Shi, L.；Ye, Z. S.；Chen, M. W.；Zhou, Y. G. An efficient route to chiral n-heter-ocycles bearing c-f stereogenic center via asymmetric hydrogenation of fluorinated isoquinolines. *Chem. Commun*, **2013**, *49*：8537-8539.

[107]　Shi, L.；Ye, Z. S.；Cao, L. L.；Guo, R. N.；Hu, Y.；Zhou, Y. G. Enantioselective iridium- catalyzed hy-drogenation of 3, 4-disubstituted isoquinolines. *Angew. Chem. Int. Ed.* **2012**, *51*：8286-8289.

[108]　Uematsu, N.；Fujii, A.；Hashiguchi, S.；Ikariya, T.；Noyori, R. Asymmetric transfer hydrogenation of imines. *J. Am. Chem. Soc.* **1996**, *118*：4916-4917.

[109]　Vedejs, E.；Trapencieris, P.；Suna, E. Substituted isoquinolines by Noyori transfer hydrogenation：enantiose-lective synthesis of chiral diamines containing an aniline subunit. *J. Org. Chem.* **1999**, *64*：6724-6729.

[110]　Přech, J.；Václavík, J.；Šot, P.；Pecháček, J.；Vilhanová, B.；Januščák, J.；Syslová, K.；Pažout, R.；Maixner, J.；Zápal, J.；Kuzma, M.；Kačer, P. Asymmetric transfer hydrogenation of 1-phenyl di-hydroisoquinolines using Ru（Ⅱ）diamine catalysts. *Catal. Commun.* **2013**, *36*：67-70.

[111] Wu, Z.; Perez, M.; Scalone, M.; Ayad, T.; Ratovelomanana-Vidal, V. Ruthenium-catalyzed asymmetric transfer hydrogenation of 1-aryl-substituted dihydroisoquinolines access to valuable chiral 1-aryl-tetrahydroisoquinoline scaffolds. *Angew. Chem. Int. Ed.* **2013**, *52*:4925-4928.

[112] Perez, M.; Wu, Z.; Scalone, M.; Ayad, T.; Ratovelomanana-Vidal, V. Enantioselective synthesis of 1-aryl-substituted tetrahydroisoquinolines through Ru-catalyzed asymmetric transfer hydrogenation. *Eur. J. Org. Chem.* **2015**, 6503-6514.

[113] Wu, J.; Wang, F.; Ma, Y.; Cui, X.; Cun, L.; Zhu, J.; Deng, J.; Yu, B. Asymmetric transfer hydrogenation of imines and iminiums catalyzed by a water-soluble catalyst in water. *Chem. Commun.* **2006**, 1766-1768.

[114] Evanno, L.; Ormala, J.; Pihko, P. M. A highly enantioselective access to tetrahydroisoquinoline and β-carbolinealkaloids with simple Noyori-type catalysts in aqueous media. *Chem. Eur. J.* **2009**, *15*:12963-12967.

[115] Mao, J.; Baker, D. C. A chiral rhodium complex for rapid asymmetric transfer hydrogenation of imines with high enantioselectivity. *Org. Lett.* **1999**, *1*:841-843.

[116] Vilhanová, B. V.; Budinská, A.; Václavík, J.; Matoušek, V.; Kuzma, M.; Červený, L. Thermal and mechanochemical syntheses of luminescent mononuclear copper（I）complexes. *Eur. J. Org. Chem.* **2017**: 5131-5134.

[117] Szawkało, J.; Zawadzka, A.; Wojtasiewicz, K.; Leniewski, A.; Drabowiczb, J.; Czarnocki, Z. First enantioselective synthesis of the antitumour alkaloid（＋）-Crispine A and determination of its enantiomeric purity by ¹H NMR. *Tetrahedron:Asymmetry* **2005**, *16*:3619-3621.

[118] Williams, G. D.; Pike, R. A.; Wade, C. E.; Wills, M. A one-pot process for the enantioselective synthesis of amines *via* reductive amination under transfer hydrogenation conditions. *Org. Lett.* **2003**, *5*:4227-4230.

[119] Zhou, H.; Liu, Y.; Yang, S.; Zhou, L.; Chang, M. One-pot *N*-deprotection and catalytic intramolecular asymmetric reductive amination for the synthesis of tetrahydroisoquinolines. *Angew. Chem. Int. Ed.* **2017**, *56*: 2725-2729.

[120] 时磊，姬悦，黄文学，周永贵. 基于手性负离子置换策略的异喹啉不对称转移氢化研究. 化学学报. **2014**，*72*: 820-824.

[121] Faber, K. Transformation of a recemate into a single stereoisomer. *Chem. Eur. J.* **2001**, *7*:5004-5010.

[122] Prat, L.; Mojovic, L.; Levacher, V.; Dupas, G.; Quéguiner, G.; Bourguignon, J. Deracemization of diarylmethanes *via* lateral lithiation-protonation sequences by means of sparteine. *Tetrahedron:Asymmetry* **1998**, *9*:2509-2516.

[123] Prat, L.; Dupas, G.; Duflos, J.; Quéguiner, G.; Bourguignon, J.; Levacher, V. Deracemization of alkyl diarylmethanes using（－）-sparteine or a chiral proton source. *Tetrahedron Lett.* **2001**, *42*:4515-4518.

[124] Bolchi, C.; Pallavicini, M.; Fumagalli, L.; Straniero, V.; Valoti, E. One-pot racemization process of 1-phenyl-1, 2, 3, 4-tetrahydroisoquinoline: a key intermediate for the antimuscarinic agent solifenacin. *Org. Process Res. Dev.* **2013**, *17*:432-437.

[125] Wang, D. W.; Wang, X. B.; Wang, D. S.; Lu, S. M.; Zhou, Y. G.; Li, Y.-X. Highly enantioselective iridium-catalyzed hydrogenation of 2-benzylquinolines and 2-functionalized and 2, 3-disubstituted quinolines. *J. Org. Chem.* **2009**, *74*:2780-2787.

[126] Ji, Y.; Shi, L.; Chen, M. W.; Feng, G. S.; Zhou, Y. G. Concise redox deracemization of secondary and tertiary amines with a tetrahydroisoquinoline core *via* a nonenzymatic process. *J. Am. Chem. Soc.* **2015**. *137*:10496-10499.

[127] Lackner, A. D.; Samant, A. V.; Toste, F. D. Single-operation deracemization of 3H-indolines and tetrahydroquinolines enabled by phase separation. *J. Am. Chem. Soc.* **2013**, *135*:14090-14093.

本章英文缩写对照表

英文缩写	英文名称	中文名称
AMPA	a-amino-3-hydroxy-5-methyl-4-isoxazole-propionicacid	a-氨基-3-羟基-5-甲基-4-异噁唑丙酸
(S)-(-)BINOL	(S)-1-(2-hydroxynaphthalen-1-yl)naphthalen-2-ol	(S)-1,1'-联二萘酚
(Boc)$_2$O	tert-butyldicarbonate	二碳酸二叔丁酯
CDC	cross dehydrogenative coupling	交叉脱氢偶联
CPA	chiral phosphonic acid	手性膦酸
CRL	candida rugosa lipase	皱褶假丝酵母脂肪酶
CTAB	十六烷基三甲基溴化铵	十六烷基三甲基溴化铵
DBDMH	1,3-dibroro-5,5-dimethylhydantoin	1,3-二溴-5,5-二甲基海因
DBU	1,8-diazabicyclo[5.4.0]undec-7-ene	1,8-二氮杂二环十一碳-7-烯
DCE	1,2-dichloroethane	1,2-二氯乙烷
DCDMH	1,3-dichloro-5,5-dimethylhydantoin	1,3-二氯-5,5-二甲基海因
DDQ	2,3-dichloro-5,6-dicyano-1,4-benzoquinone	2,3-二氯-5,6-二氰基-1,4-苯醌
DIPEA	N,N-diisopropylethylamine	N,N-二异丙基乙胺
DMSO	dimethyl sulfoxide	二甲基亚砜
HEH	Hantzsch ester	汉栖酯
MTBE	Methyl tert-butyl ether	甲基叔丁基醚
NBS	N-bromosuccinimide	N-溴代丁二酰亚胺
NIS	N-iodosuccinimide	N-碘代丁二酰亚胺
NHC	nitrogen heterocyclic cabbeen	氮杂环卡宾
NMDA	N-methyl-D-aspartic acid	N-甲基-D-天冬氨酸
PTC	phase transfer catalyst	相转移催化剂
TCCA	trichloroisocyanuric acid	三氯异氰尿酸
TFA	trifluoroacetic acid	三氟乙酸
THF	tetrahydrofuran	四氢呋喃
TrocCl	2,2,2-trichloroethyl carbonochloridate	氯甲酸-2,2,2-三氯乙酯
TsCl	tosyl chloride	对甲苯磺酰氯

[3] 手性四氢异喹啉化合物的生物合成策略

通过生物合成策略实现手性化合物的合成是近年来的研究热点之一。生物合成策略是指在生物酶的作用下，通过一系列的酶促反应实现手性化合物的转化过程。生物合成策略的高效性和高度特异性使其在不对称合成领域逐渐得到广泛关注。

3.1　生物酶定义及类型

生物酶（Enzyme）是由动植物和微生物中活细胞产生的对底物具有高度特异性和高效催化效能的蛋白质或 RNA，其相对分子质量在 $10^4 \sim 10^6$ 之间。酶是一种重要的生物催化剂，生物体内的化学反应几乎全部都是在酶的催化下实现的，因此也被称为生物酶。不仅如此，生物酶还被广泛应用于食品、制药、生物能源、生物传感器等工业领域中。

根据生物酶催化反应的性质不同，酶可以分为以下几类：①还原酶（Reductase），是指能够催化底物发生还原反应的酶，如亚胺还原酶等；②氧化酶（Oxidase），是指能够催化底物发生氧化反应的酶，如单胺氧化酶等；③水解酶（Hydrolases），是指能够催化底物发生水解反应的酶，包括脂肪酶、蛋白酶等；④转移酶类（Transferases），是指能够催化底物之间发生某些基团（如甲基、氨基等基团）之间的转移或交换的酶，包括甲基转移酶、氨基转移酶等；⑤合成酶（Ligase），是指能够催化两分子底物合成为一分子化合物的酶，如 Pictet-Spengler 合成酶等。

3.2　生物酶的催化作用

生物酶对底物的催化作用主要取决于酶分子的一级结构及空间结构的完整。由于酶催化的化学反应，具有高度特异性和高效催化效能，因此能够在生物体内温和且顺利进行。生物酶催化反应具有高度特异性，即高度选择性，特定的酶只能催化某一类或某一反应进行，或者只能催化某一反应生成特定构型的产物。所以，酶催化反应在不对称合成中具有重要的研究价值。其次，酶催化反应具有高效催化效能，其催化效率是一般酸碱催化剂的

$10^8 \sim 10^{11}$ 倍，因此受到化学家和生物学家的广泛关注。此外，酶催化反应通常需要在特定的外部条件下进行，如细胞膜内，或者是特定的温度、浓度、pH 条件等。外部条件的改变，可能会使酶的空间结构改变而使其失去活性。如反应温度过高或过低，都会引起蛋白质的空间结构改变而使其变性，致使酶失去活性而不能催化反应的进行，因此温度对酶催化反应具有显著影响。

生物酶促进的不对称生物转化，主要通过两种途径来实现。第一种途径是通过全细胞生物催化过程实现。全细胞生物催化（Whole-cell biocatalysis）是指利用完整的生物有机体（主要是指全细胞、组织或者是个体等）作为催化剂进行化学转化的过程。全细胞生物催化反应的过程，其本质是利用细胞内的酶和生物环境进行催化的过程，也被称为生物转化（Biotransformation）。在表达某一种特定生物酶的活体细胞内，往往包含有多种类型的生物酶，如亚胺还原酶和葡萄糖脱氢酶等，以及葡萄糖等物质。而这些物质通常会参与酶催化的生物转化过程。因此，在全细胞生物催化反应中，往往只需要加入能保持细胞内酶的催化活性的缓冲溶液即可。

第二种途径则是通过生物酶催化不对称转化反应来实现。与第一种策略不同，该过程是无细胞参与催化反应，是纯生物酶催化的反应过程。通过对活体细胞内亚胺还原酶进行分离纯化、基因的克隆和表达，实现生物酶的重组表达及合成纯化。在生物酶催化不对称转化反应中，由于该催化过程中无细胞参与，因此反应中通常加入一些反应在需物质，以保证反应的顺利进行。如在亚胺还原酶催化的不对称还原反应中，需加入葡萄糖、葡萄糖脱氢酶、还原型烟酰胺腺嘌呤二核苷酸磷酸酯等，来保证反应过程中氢源的供给。与全细胞生物催化过程相比，生物酶催化体系具有多样性，可以对生物酶催化剂进行修饰，使得生物酶可以适应不同类型的底物。

3.3　生物酶催化合成手性四氢异喹啉化合物

生物酶催化化学反应是一种重要的有机合成策略，是一类温和、清洁且环保的化学过程。生物酶催化反应是合成手性四氢异喹啉化合物的主要研究方向之一，生物酶催化的高度选择性和高效催化效能必将使得生物酶催化成为新的发展趋势和重要研究方向。目前主要包括四种生物酶催化策略（图 3-1）：一是生物酶催化的四氢异喹啉的动力学拆分；二是生物酶（Pictet-Spenglerase）催化的 Pictet-Spengler 环化反应合成 C-1 位取代四氢异喹啉；三是亚胺还原酶催化 3,4-二氢异喹啉的不对称还原反应；四是单胺氧化酶与不同还原体系联合催化的四氢异喹啉去外消旋化反应。

3.3.1　生物酶催化动力学拆分/动态动力学拆分

脂肪酶，属于羧基酯水解酶类，广泛存在于动植物和微生物中。脂肪酶是一类具有多种催化能力的酶，它可以催化羧酸酯类化合物的水解，也可以催化羧酸酯的醇解、胺解、转酯化等。因此，脂肪酶制剂被广泛地应用于医药、食品、日常化妆品等领域，具有重要的应用价值。由于脂肪酶通常在水油界面上具有最大活性，脂肪酶催化的反应往往需要加

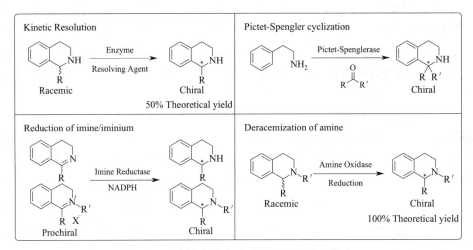

图 3-1　生物酶催化合成手性四氢异喹啉策略

入少量的水。不仅如此，与绝大多数酶催化反应一样，脂肪酶需要在适宜的温度及 pH 条件下进行。而脂肪酶催化胺的不对称酰基化反应也越来越得到化学家和生物学家们的关注。

3.3.1.1　生物酶 CRL 催化动力学/动态动力学拆分策略

　　皱褶假丝酵母脂肪酶（CRL，Candida rugosa lipase）是由皱褶假丝酵母菌所产的大分子脂肪酶，其分子量约为 60 kDa。它是一种具有 α/β 水解酶的折叠结构和 Ser-His-Glu（丝氨酸-组氨酸-谷氨酸）三联体催化中心的脂肪酶。皱褶假丝酵母脂肪酶同大多数脂肪酶一样，可催化羧酸酯类化合物的水解、醇解、胺解、转酯化等反应。根据酶的结构及化学性质不同，可对不同的底物表现出不同的反应活性、化学选择性和对映选择性。因此，皱褶假丝酵母脂肪酶在药物的手性拆分和合成中表现出独特的立体选择性，尤其是在非甾醇类抗炎药、手性胺类生物碱等药物的不对称合成中。除此之外，皱褶假丝酵母脂肪酶还被广泛应用于食品、制药、生物能源、生物传感器等领域中。

　　2004 年，Breen 课题组报道了皱褶假丝酵母脂肪酶催化的 1-甲基四氢异喹啉的动力学拆分反应，成功实现了 1-甲基四氢异喹啉的高对映选择性合成（图 3-2）[1]。当采用皱褶假丝酵母脂肪酶为催化剂，碳酸丙烯酯为酰基化拆分试剂时，可通过不对称酰基化反应，分别以 47% 的收率和 98% 的对映选择性得到氨基甲酸烯丙酯及 46% 的收率和大于 99% 的对映选择性得到 (S)-1-甲基四氢异喹啉。反应中少量水的加入可以使得酶能够在有机溶

图 3-2　生物酶 CRL 催化动力学拆分策略

剂中保持其三维立体结构，从而保持酶的催化活性。

2007 年，Blacker 课题组采用皱褶假丝酵母脂肪酶/过渡金属铱为催化剂，碳酸-3-甲氧基苯酚酯为酰基供体，成功实现了 6,7-甲氧基-1-甲基-1,2,3,4-四氢异喹啉的动态动力学拆分（图 3-3）[2]。该反应主要分为两部分：一是过渡金属铱催化手性四氢异喹啉的快速消旋化反应；二是皱褶假丝酵母脂肪酶催化(R)-6,7-甲氧基-1-甲基-1,2,3,4-四氢异喹啉的酰基化反应。

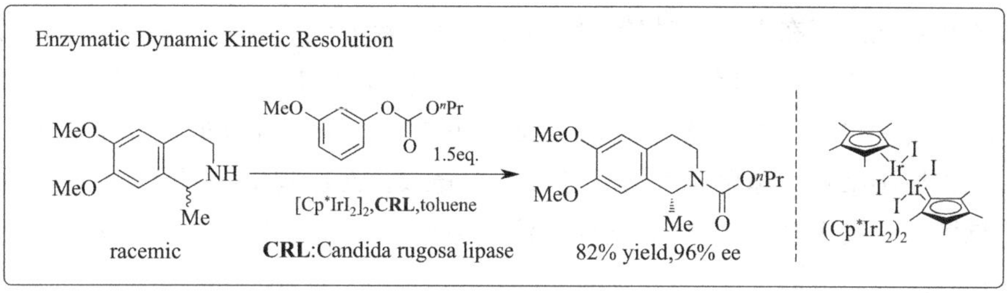

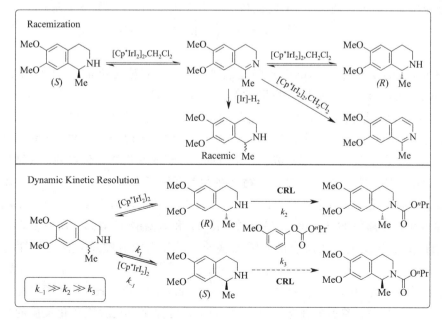

图 3-3　生物酶 CRL/过渡金属铱催化动态动力学拆分策略

根据文献报道，在过渡金属铱或铑催化的不对称转移氢化反应中，过渡金属铱或铑可使手性胺产物发生一定程度的消旋化反应，而加入手性二胺配体可抑制其消旋化过程（图 3-4）。随后，作者考察了二碘(五甲基环戊二烯基)合铱(Ⅲ) 二聚体([Cp*IrI₂]₂) 作为催化剂时，6,7-甲氧基-1-甲基-1,2,3,4-四氢异喹啉的消旋化反应。研究发现,[Cp*IrI₂]₂可使 1-取代四氢异喹啉发生快速的消旋化。首先，在[Cp*IrI₂]₂催化剂作用下,(S)-或(R)-6,7-甲氧基-1-甲基-1,2,3,4-四氢异喹啉发生脱氢反应，得到潜手性二氢异喹啉中间体；而在脱氢反应中产生的金属-氢物种可对二氢异喹啉直接加氢，得到四氢异喹啉外消旋体混合物，从而实现手性四氢异喹啉的消旋化反应。当过渡金属铱催化四氢异喹啉的消旋化反应速率远远大

图 3-4　生物酶/过渡金属铱催化动力学拆分反应机理

于皱褶假丝酵母脂肪酶催化的酰基化反应，同时1-取代四氢异喹啉外消旋体的两种对映异构体的酰基化反应速率不同时，即可实现的动态动力学拆分。在该反应中，消旋化反应速率和酰基化的速率的关系是：$k_{-1} \gg k_2 \gg k_3$。

3.3.1.2 生物酶BBE催化动力学/动态动力学拆分策略

小檗碱桥酶（Berberine bridge enzyme，BBE）是一种黄素依赖型氧化酶，广泛存在于罂粟科植物体内，在苄基四氢异喹啉生物碱的生物合成中具有重要作用。在生物体内，小檗碱桥酶在氧气的存在下通过碳氢键活化策略，经分子内碳碳键偶联反应，可将天然产物(S)-reticuline选择性氧化为(S)-scoulerine，所形成的碳碳单键又被称为小檗碱桥（Berberine-bridge）（图3-5）。(S)-scoulerine是植物体内生物合成的重要中间体，它可以进一步转化为原小檗碱、原藤碱和苯并菲啶类生物碱。而这些生物碱及其衍生物通常具有抗细菌、抗肿瘤、抗HIV等活性，此外在治疗高血压、心律失常和糖尿病等疾病方面具有药物活性。

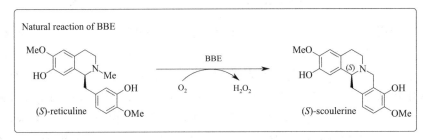

图3-5 生物酶BBE碳氢键活化策略

1985年，Nagakura课题组首次从康松小檗（*Berberis beaniana*）细胞培养物中分离得到小檗碱桥酶[3]。研究发现，小檗碱桥酶在氧气存在下，可将(S)-reticuline、Proto-sinomenine、Laudanosoline等天然产物选择性氧化为相应的原小檗碱，而氧气则还原为过氧化氢。

2008年，Macheroux & Gruber课题组通过三维X-射线单晶衍射得到了花菱草（*Eschscholzia californica*）小檗碱桥酶的晶体结构及小檗碱桥酶与天然产物(S)-reticuline的复合物的晶体结构（图3-6）[4]。这种酶具有两种不同晶型，即单斜晶和四方晶型结构。基于对结构的初步认识，作者认为小檗碱桥酶结构包含两个结构域：黄素腺嘌呤二核苷酸（FAD）结合域和一个具有七股、反平行的β片形成底物结合位点的α/β结构域。而底物与酶的作用如三明治结构一般，底物夹在黄素辅因子和从中央结构域的β-片延伸的氨基酸残基之间。通过动力学实验，即活性位点蛋白变体的动力学速率，确定了小檗碱桥酶的三种活性位点酪氨酸Tyr106、谷氨酸Glu417和组氨酸His459。研究发现，谷氨酸残基Glu417是底物发生氧化反应的必需氨基酸，对反应的活性及立体选择性均有显著影响。

基于小檗碱桥酶的晶体结构及动力学实验，Macheroux & Gruber课题组提出了如下的反应机理（图3-7）。谷氨酸残基Glu417作为碱，可催化氧化脱氢环化反应的进行。首先，在Glu417残基作用下，底物中C3'羟基质子被拔除，接着芳环作为亲核试剂，经傅-

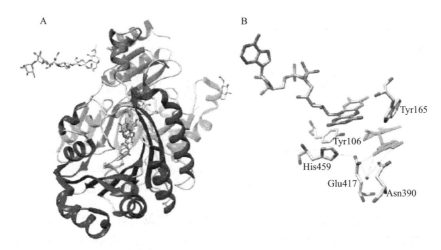

图 3-6 A：小檗碱桥酶（BBE）与（S）-reticuline 复合物的晶体结构；

B：（S）-reticuline 与氨基酸活性位点作用

（文献来源：*Nature Chem. Biol.* **2008**，4，739-741）

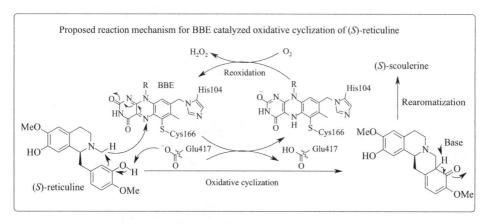

图 3-7 生物酶 BBE 催化氧化脱氢环化反应机理

（文献来源：*Nature Chem. Biol.* **2008**，4：739-741）

克烷基化反应，发生直接的脱氢环化；随后，底物经过芳构化得到（S）-scoulerine；Glu417 经质子化形成羧酸结构，离去基团氢负离子，则与黄素辅因子结合得到还原型产物；而黄素辅因子则在氧气的作用下可实现循环再生，同时产生一分子的过氧化氢。

2011 年，Kroutil 课题组采用小檗碱桥联酶，通过生物催化不对称氧化 C—C 偶联反应，实现了 C-1 位苄基取代四氢异喹啉的氧化动力学拆分反应（图 3-8）[5]。Kroutil 课题组将小檗碱桥联酶催化体系成功地应用于非天然产物 1-苄基四氢异喹啉的动力学拆分，分别以最高 50％的收率，大于 97％的 ee 和 42％的收率，大于 97％的 ee 得到 S 构型脱氢关环产物和 R 构型原料的回收。在该反应中，通过利用催化酶将反应中产生的过氧化氢转化为水和氧气，采用三（羟甲基）氨基甲烷-盐酸（Tris-HCl，pH 9）缓冲溶液调节反应液的 pH。随后，利用该策略，从简单的 2-芳基乙胺和 2-芳基乙酸出发，成功实现了一系列 C-1 位苄基取代四氢异喹啉化合物的手性合成[6]。

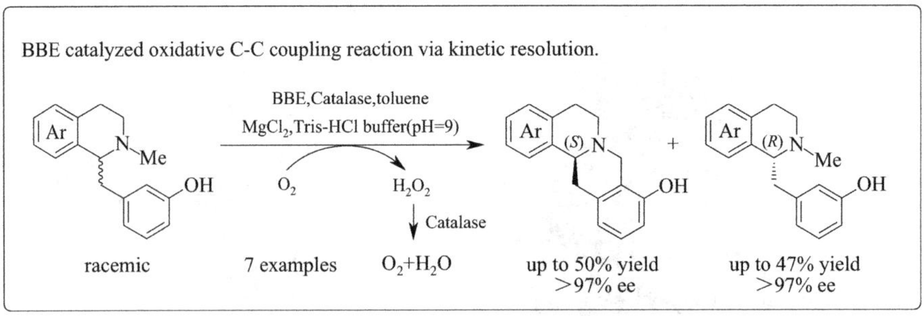

图 3-8 生物酶 BBE 催化氧化脱氢氧化动力学拆分策略

随着小檗碱桥联酶催化 N-甲基苄基四氢异喹啉生物碱的研究的日渐成熟，Kroutil 课题组在之前研究工作基础上，继而将目光转向小檗碱桥联酶催化的 N-乙基苄基四氢异喹啉的氧化动力学拆分[7]。而按照研究设想，N-乙基苄基四氢异喹啉应通过氧化脱氢发生关环反应。而令人惊喜的是，Kroutil 课题组采用小檗碱桥联酶为催化剂，三（羟甲基）氨基甲烷溶液为缓冲溶液时，N-乙基苄基四氢异喹啉生物碱发生氮烷基脱除反应，并成功实现了该底物的氧化动力学拆分反应（图 3-9）。N-乙基苄基四氢异喹啉在小檗碱桥联酶作用下，R 构型底物发生选择性氧化生成苄基四氢异喹啉和一分子乙醛，而 R 构型底物则未发生氧化。此外，反应中生成的乙醛会与苄基四氢异喹啉发生 Pictet-Spengler 环化反应，生成关环产物，因此对底物具有一定的选择性。

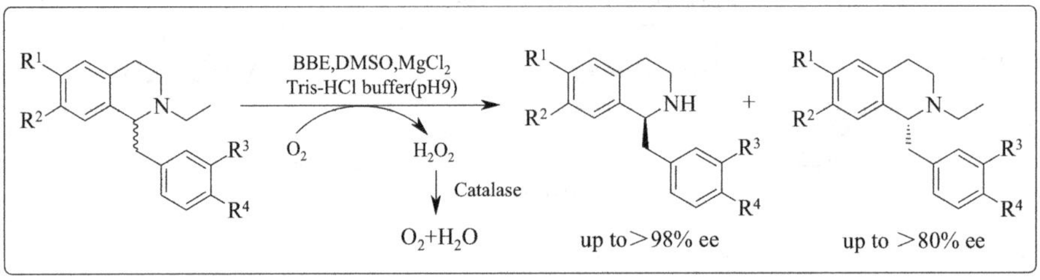

图 3-9 生物酶 BBE 催化氧化动力学拆分策略

3.3.1.3 生物酶 DAAO 催化动力学拆分策略

2019 年，浙江大学吴坚平课题组通过 D-氨基酸氧化酶（D-amino acid oxidase，DAAO）催化的氧化动力学拆分反应，成功实现了 C-1 位羧基取代四氢异喹啉化合物的高对映选择性合成（图 3-10）[8]。D-氨基酸氧化酶是一种以黄素腺嘌呤二核苷酸（flavine adeninedinucleotide，FAD）为辅基的典型的黄素蛋白酶类，广泛存在于哺乳动物的肝、肾、脑等组织器官及藻类、假丝酵母、细菌等微生物中。D-氨基酸氧化酶可以将 D-氨基酸氧化为相应的酮酸和氨，而 FAD 则可以作为氢受体参与氧化还原反应。该课题组首次利用 D-氨基酸氧化酶实现了右旋羧基取代四氢异喹啉化合物的氧化，将环状骨架的 D-氨基酸氧化为相应的亚胺。研究发现，从腐皮镰孢菌（Fusarium solani）中分离得到的 D-氨基酸氧化酶可以将 D-1,2,3,4-四氢异喹啉-1-羧酸选择性氧化为亚胺，其立体选择因子 s 值可达 200 以上，反应具有优异的立体选择性。

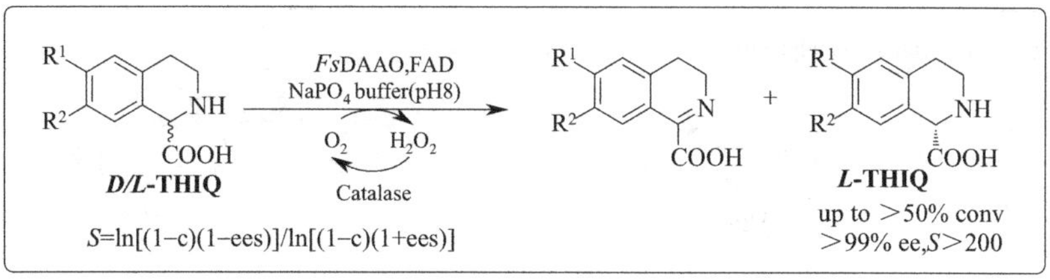

图 3-10 生物酶 DAAO 催化氧化动力学拆分策略

3.3.2 生物酶催化 Pictet-Spengler 环化反应

Pictet-Spengler 环化反应由瑞士化学家 Amé Pictet 和 Theodor Spengler 于 1911 年研究发现[9]。该反应是指在酸性条件下，富电子 β-芳基乙胺与羰基化合物（醛或酮）发生环化，生成四氢异喹啉或四氢-β-咔啉的反应。Pictet-Spengler 环化反应已有百余年的研究历史，是合成四氢异喹啉生物碱和 β-咔啉衍生物最有效的策略之一，通过生物酶催化 Pictet-Spengler 环化反应合成手性四氢异喹啉生物碱已取得了重要研究进展。

Pictet-Spengler 生物酶（Pictet-Spenglerase）是一种可以催化 β-芳基乙胺与羰基化合物发生脱水缩合环化反应的生物酶[10]。根据反应底物类型的不同，Pictet-Spengler 生物酶，主要包括两种类型，一种是异胡豆苷合酶（Strictosidine synthase，STR），它可以催化色胺（Tryptamine）与裂环马钱子苷（Secologanin）发生曼尼希反应，经脱水缩合环化选择性生成异胡豆苷（S）-strictosidine。异胡豆苷合酶对底物具有立体特异性，可选择性生成 S 构型产物。另一种是去甲乌药碱合酶（Norcoclaurine synthase，NCS），它可以催化多巴胺（Dopamine）和对羟基苯乙醛（4-Hydroxyphenylacetaldehyde，4-HPAA）经脱水环化反应生成（S）-去甲乌药碱（Norcoclaurine）。

3.3.2.1 生物酶 STR 催化 Pictet-Spengler 环化反应

1977 年，Stöckigt & Zenk 课题组研究发现，异胡豆苷是一种具有 3α(S) 立体构型的单萜类长春花生物碱[11]。3α(S)-异胡豆苷是生物体内一种重要的中间产物，它可以经过多步酶促反应进一步转化为一系列具有丰富药理活性的生物碱，如长春胺（Vincamine）、阿玛碱（Ajmaline）、长春质碱（Catharanthine）等（图 3-11）。其中，长春胺是一种外周血管扩张剂，阿玛碱具有抗心律失常的作用，长春质碱具有抗癌活性等。

异胡豆苷合酶是第一个化学结构得到鉴定的 Pictet-Spengler 生物酶，可从长春花中分离得到。科学家们通过从长春花细胞悬浮液中提取得到的异胡豆苷合酶中，往往含有与其相似的物理及动力学性质的同工酶，未能得到进一步纯化。而直到 1988 年，Zenk 课题组从蛇纹草（Rauvolfia serpentina）细胞培养物中分离得到的异胡豆苷合酶则具有单一构型[12]。同位素标记实验证明，异胡豆苷是 2000 多种单萜吲哚生物碱生物合成的唯一前体。单萜吲哚生物碱通常具有丰富的生理活性。

2006 年，Stöckigt 课题组首次从印度药用植物蛇纹草中获得了异胡豆苷合酶（RsSTR）的晶体结构，并同时得到了异胡豆苷合酶与天然产物色胺与裂环马钱子苷的复

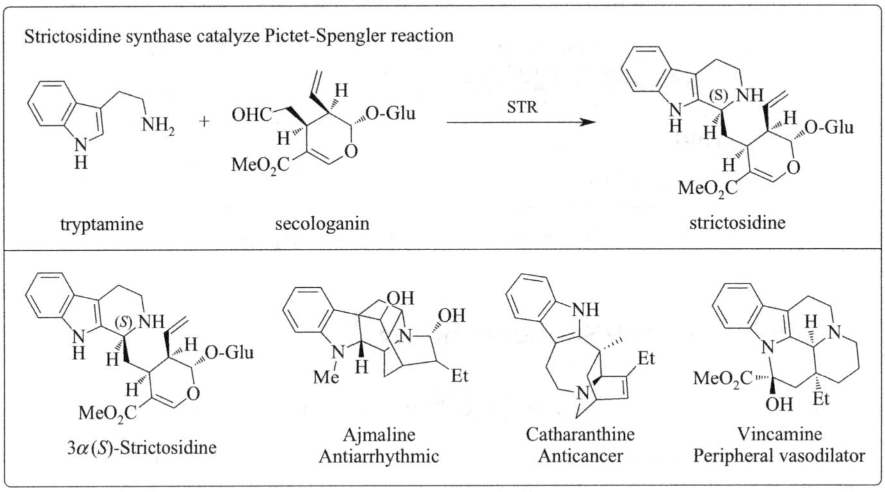

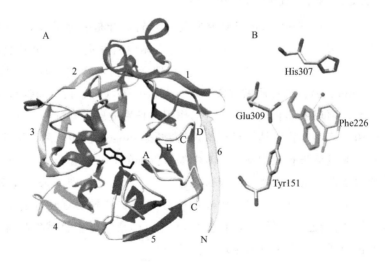

图 3-11　生物酶 STR 催化色胺的 Pictet-Spengler 环化反应

合物的晶体结构（图 3-12）[13]。而这些晶体结构对于研究酶的活性位点及酶和底物的催化作用有重要的指导意义。研究显示，蛇纹草中得到的异胡豆苷合酶结构包含一个六叶四股 β-螺旋桨褶皱，而六个叶片都围绕一个伪六重对称轴径向排列。异胡豆苷合酶包括三个离子化的残基活性位点，即络氨酸 Tyr151、组氨酸 His307、谷氨酸 Glu309。通过验证实验发现，将残基 Tyr151 变为苯丙氨酸时，未能显著改变其催化活性，即可离子化羟基在催化中不起关键作用；但是，将 Glu309 活性位点进行突变，其催化活性降低 900 倍，说明 Glu309 残基参与了酶催化过程。而 His307 活性位点的突变为丙氨酸，使得酶促反应的米氏常数 K_m 显著增加，酶和底物之间的亲合力减小，说明 His307 残基可与裂环马钱子苷作用而参与催化反应。同时单晶结构表明，Glu309 残基与色胺结合，而 His307 与裂环马钱子苷中的葡萄糖结构单元结合，从而使得反应顺利进行。

图 3-12　A：异胡豆苷合酶晶体结构；

B：异胡豆苷合酶和底物的催化作用（文献来源：*Plant Cell* **2006**，*18*，907-920.）

3.3.2.2 生物酶 NCS 催化 Pictet-Spengler 环化反应

去甲乌药碱作为一种苄基四氢异喹啉类生物碱，广泛存在于植物体内，是植物体内一种具有生物活性及药用价值的次级代谢产物。去甲乌药碱具有显著的降压及加快心率的作用，是一种在药代动力学特征上，可与目前公认的同类药物中最好的多巴酚丁胺竞争的肾上腺素药物。在植物体内，多巴胺与对羟基苯乙醛在去甲乌药碱合酶的催化作用下，可立体选择性地转化为（S)-去甲乌药碱（图 3-13)[14]。苄基异喹啉生物碱的生物合成广泛存在于植物体内，其中去甲乌药碱是植物体内 2500 多种苄基异喹啉生物碱的前体。随着对自然界的探索，科学家们发现去甲乌药碱合酶对生物体内 Pictet-Spengler 环化过程具有立体特异性，是植物体内苄基异喹啉生物碱的生物合成的决速步。目前，去甲乌药碱合酶已被广泛地应用于 Pictet-Spengler 环化反应中，用于手性四氢异喹啉生物碱的合成研究。

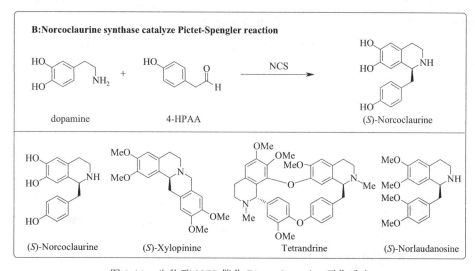

图 3-13 生物酶 NCS 催化 Pictet-Spengler 环化反应

目前，主要在三种植物体内发现去甲乌药碱合酶：小檗科（Berberidaceae）、罂粟科（Papaveraceae）、毛茛科（Ranunculaceae）植物中。

2001 年，Facchini 课题组首次从罂粟发芽的种子中分离得到去甲乌药碱合酶，并对其催化活性进行了探索。去甲乌药碱合酶也是报道的第一个在植物体内合苄基异喹啉生物碱的酶[15]。研究表明，去甲乌药碱合酶与底物的结合位点之间表现出很强的协同性，在苄基四氢异喹啉化合物的合成中起着重要作用。

2002 年，Samanani 课题组采用毛茛科药用植物黄唐松草（*Thalictrum flavum*）的细胞悬浮培养液纯化，得到具有四种亚型结构的去甲乌药碱合酶（*Tf*NCS），并从底物特异性和酶活性两方面对其进行了全面的表征[16]。通过黄唐松草属的不同器官和细胞悬浮的培养，进一步探索去甲乌药碱合酶的催化活性。去甲乌药碱合酶的分离纯化，也为进一步探索其基因，研究和理解其催化机理，并确定其在苄基异喹啉生物碱生物合成调控中的作用提供了必要保障。去甲乌药碱合酶蛋白中含有 210 个残基，其中蛋白质的中心部分（残基 40-170）显示出与一些致病相关蛋白质高度的序列一致性（28%～44%）。因此，研去甲乌药碱合酶的结构具有重要意义。

2008 年，Berkner 课题组通过二维、三维核磁（2D NMR、3D NMR）共振谱和圆二色光谱（Circular dichroism spectroscopic，CD）研究，发现去甲乌药碱合酶是由缠绕在螺旋（α3）长碳链端上的七股反平行 β-片状结构和两个较小的 β-螺旋段（α1 和 α2）组成（图 3-14）[17]。去甲乌药碱合酶的一系列疏水残基和位于空腔入口处的极性基团使得酶的每个单体结构形成了一个可接近的裂缝[18]。同年，Ilari & Boffi 课题组通过对黄唐松草去甲乌药碱合酶及其硒代蛋氨酸变异体分子基因进行克隆、重组表达、纯化、重结晶及 X 射线单晶衍射分析，使得科学家们对去甲乌药碱合酶结构有了更为深刻的了解[19]。采用悬滴蒸气扩散法，以硫酸铵和氯化钠为沉淀剂，在 294 K 下获得了其晶体。从其单晶结构，可以知道去甲乌药碱合酶蛋白质的分子量约为 24kDa，每个晶胞包含六个不对称单元，每个不对称单元中则包含两个单体。随后，该课题组通过 X 射线单晶衍射确定了其晶体结构[20]。研究发现，去甲乌药碱合酶的催化活性位点由四个氨基酸残基导向，包括三个强质子交换基团，赖氨酸 Lys122、天冬氨酸 Asp141、谷氨酸 Glu110，一个氢键供体酪氨酸 Tyr108。

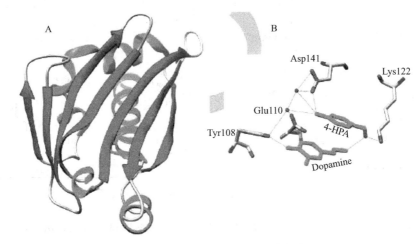

图 3-14　A：去甲乌药碱合酶晶体结构；

B：去甲乌药碱合酶和底物的催化作用（文献来源：*J. Biol. Chem.* **2009**，*284*，897-904）

2007 年，Tanner 课题组对去甲乌药碱合酶催化苄基四氢异喹啉的生物合成的反应机理进行了探索，认为该反应过程是经历酶催化不对称 Pictet-spengler 环化反应实现的（图 3-15）[21]。通过对黄唐松草去甲乌药碱合酶的基因进行克隆，并经大肠杆菌重组表达，通过镍树脂纯化进一步得到组氨酸标记重组合成酶。作者首先提出两种可能的反应途径：途径 A，多巴胺与对羟基苯甲醛经脱水缩合反应，形成亚胺离子；随后在碱性条件下，形成两性离子中间体 A，再通过亲核性芳环对亚胺离子进行亲核加成关环反应，得到 σ-中间体；最后，经脱氢芳构化得到目标产物。途径 B，其反应过程与四氢-β-咔啉的形成类似，可经螺环中间体形成；首先，亚胺离子，在碱性条件下，得到两性离子中间体 A，随后 C-1 位碳原子对其进行亲核加成，生成螺环骨架中间体；而螺环中间体可与 σ-中间体之间发生互变异构。通过采用一种基于圆二色谱的连续测定方法，对酶促反应动力学进行监测。机理研究认为，反应是通过途径 A 实现的，即直接环化生成产物，且动力学同位素效应显示芳构化过程（Aromatization）是反应的决速步骤。

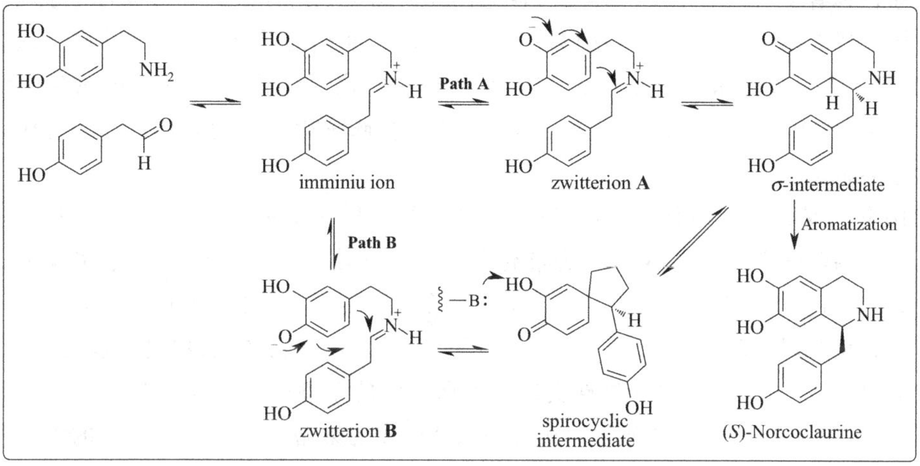

图 3-15　生物酶 NCS 催化 Pictet-Spengler 环化反应机理

（文献来源：*Biochemistry* **2007**，*46*，10153-10161）

但对于去甲乌药碱合酶催化的 Pictet-Spengler 环化反应的反应机制，一直以来都颇有争议。为了进一步确定酶的催化活性位点及其作用，Ilari & Boffi 课题组对具有催化活性的氨基酸残基位点的特异性突变体的催化活性进行测定。当采用赖氨酸 Lys122 的变异体 Lys122Ala（羧酸对胺基进行保护）时，该酶促反应完全没有反应活性，这说明赖氨酸 Lys122 在酶促反应中是最重要的催化活性位点；而将谷氨酸 Glu110 和酪氨酸 Tyr108 分别用苯丙氨酸 Phe 和丙氨酸 Ala 代替时，反应活性减弱。基于上述全息 X 射线晶体结构实验结果，利用底物中具有催化活性的残基的序列，Ilari & Boffi 课题组提出醛类底物和去甲乌药碱合酶的结合要先于多巴胺底物（即 HPAA 优先机制："HPAA-first"）。但 HPAA 优先机制不能解释酶对于不同的醛类化合物的催化活性的不同，同时也不能解释链状单萜醛如香茅醛等和多巴胺与酶的催化活性位点结合的协同性。

Hailes 课题组通过理论计算，提出多巴胺与去甲乌药碱合酶的结合先于醛类底物（即多巴胺优先机制："dopamine-first"）[22]。多巴胺优先机制是通过改变所选氨基酸上的取代基进行反应验证所得到的。将去甲乌药碱合酶的甲硫氨酸 Lys122 用亮氨酸代替时，无反应活性，因此 Lys122 在反应的决速步中有着重要作用，这与之前的实验结果是一致的；天冬氨酸 Asp141 可通过静电作用稳定反应活性中心；而络氨酸 Tyr108 则具有双重作用，一方面可通过静电作用稳定反应活性中心，另一方面在空间上可调控反应空腔入口的形状。2017 年，Keep 课题组通过高分辨率 X 射线晶体学数据，对确定黄唐松草去甲乌药碱合酶的"多巴胺优先机制"的机理提供了结构数据支撑[23]。该结构为"多巴胺优先机制"途径提供了两个关键证据：一是多巴胺儿茶酚与 Lys-122 残基的结合，二是羰基结合位点是在活性位点入口处。此外，观察到 Glu-110 残基有配体结合构象，因此推测 Glu-110 残基具有催化活性。最近，瑞典的 Sweden 课题组根据去甲乌药碱合酶的晶体结构及其活性位点设计模型，计算了反应的能量分布图，研究发现计算的能量与实验数据可以很好地吻合。之前文献报道的"多巴胺优先机制"和"HPAA 优先机制"中底物的结合模式在酶-底物复合物中都表现出能量可及性。但是，根据计算所得反应能垒，"多巴胺优先机制"途径具有可行性。对中间体和过渡态的几何结构进行详细的分析也有助于确定控制反应立体选择性的主要因素，这使得计算能够重现和合理化所观察到的去甲乌药碱合酶的对映选择性[24]。近年来，科学家们依旧致力于酶的化学结构与去甲乌药碱合酶促进的Pictet-Spengler 环化反应机理的研究，这对于四氢异喹啉生物碱的立体选择性合成具有建设性的指导意义。

2010 年，Macone 课题组以廉价易得的酪氨酸（Tyrosine）和多巴胺为原料，采用黄唐松草去甲乌药碱合酶（TfNCS）为催化剂，通过两步操作一锅法高效地实现了手性去甲乌药碱的绿色合成（图 3-16）[25]。首先，络氨酸在次氯酸钠作用下，发生氧化脱羧反应，将其转化为对羟基苯乙醛。随后，对羟基苯乙醛与多巴胺在去甲乌药碱合酶催化下，以 80% 的收率和 93% 的对映选择性实现去甲乌药碱的手性合成，这也是首次通过酶催化Pictet-Spengler 环化反应实现苄基异喹啉的绿色合成的策略。反应中所采用的去甲乌药碱合酶是利用密码子优化的合成基因在大肠杆菌中高效表达所得到的。反应中加入维生素 C可有效避免儿茶酚结构部分的氧化。研究发现，实验所用酶催化剂去甲乌药碱合酶可实现循环使用。

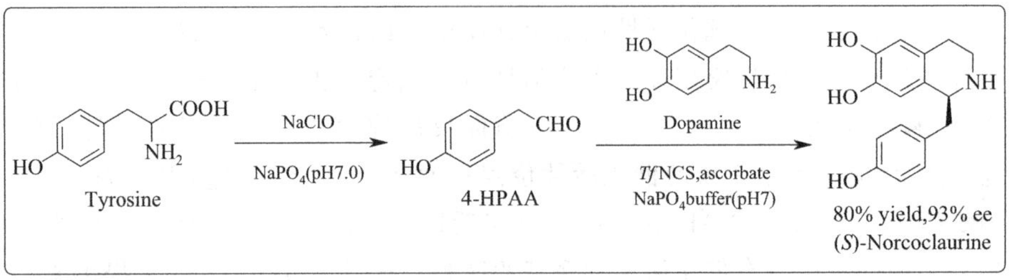

图 3-16　生物酶 NCS 催化酪氨酸合成去甲乌药碱

2012 年，O'Connor 课题组同样采用黄唐松草去甲乌药碱合酶（TfNCS）为催化剂，三羟甲基氨基甲烷溶液为缓冲溶液（Tris buffer），以最高 71% 收率实现了多巴胺与一系列脂肪醛的 Pictet-Spengler 环化反应（图 3-17）[26]。实验中采用生物酶是根据 Tanner 课题组报道方案得到的，即黄唐松草去甲乌药碱合酶通过大肠杆菌表达后，并通过镍树脂进行纯化。2016 年，Bonamore & Macone 课题组将植物二胺氧化酶与重组黄唐松草去甲乌药碱合酶偶联，以多巴胺和一系列胺类化合物为底物，经两步反应，高对映选择性地实现了取代四氢异喹啉的全酶不对称合成[27]。研究发现，山黧豆二胺氧化酶（Lathyrus cicera diamine oxidase：LCAO）和催化酶可将取代乙胺氧化为取代乙醛。其底物适用范围广，对脂肪族取代乙胺和芳香族取代乙胺均具有优异的反应活性，这为醛的合成提供了快速、简便且高效的策略。随后，取代乙醛与多巴胺在去甲乌药碱合酶作用下，可高对映选择性地转化为 S 构型苄基取代四氢异喹啉生物碱。在该体系中，作者采用反应中采用对细胞无毒性的 HEPES 溶液（4-羟乙基哌嗪乙磺酸，HEPES）为缓冲溶液，抗坏血酸盐为还原剂抑制儿茶酚结构片段的氧化，使得反应活性显著增加。

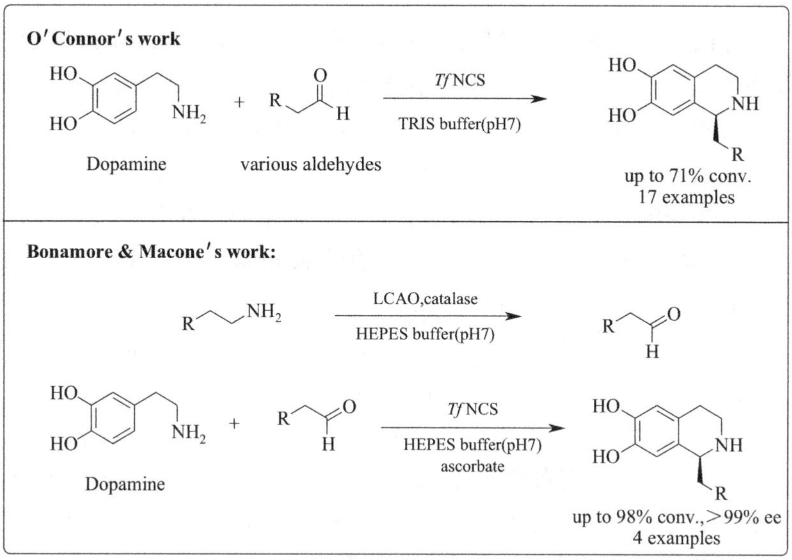

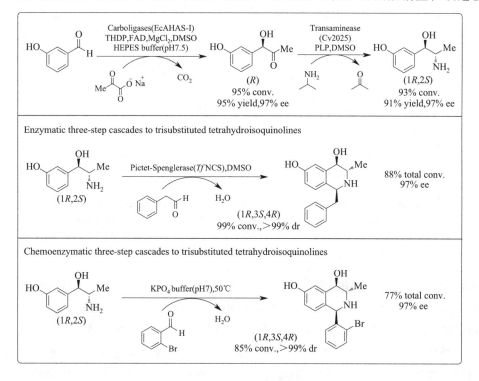

图 3-17　生物酶 NCS 催化多巴胺合成去甲乌药碱

2017 年，Rother 课题组分别采用生物酶催化策略和化学催化策略，通过一锅法三步串联反应，实现了含有三个立体中心的三取代四氢异喹啉的对映选择性合成（图 3-18）[28]。该反应立体选择性高，且反应中间体无需分离纯化。酶催化策略和化学酶催化策略，均通过三步串联反应实现，且前两步反应相同。首先，3-羟基苯甲醛和丙酮酸钠盐在碳连接酶，

图 3-18　生物酶 NCS 催化多取代四氢异喹啉生物碱的合成

即乙酰羟基酸合酶Ⅰ（Acetohydroxy acid synthase Ⅰ，EcAHAS-Ⅰ）作用下，发生脱羧亲核加成反应，并以95%的收率和97%的ee值得到α-羟基酮。反应中采用HEPES溶液为缓冲溶液，并调节体系pH至7.5。随后，在紫色素杆菌（Chromobacterium violaceum）分离的转氨酶（Cv2025）的催化下，以异丙胺为胺源，将酮转化为手性胺化合物，反应具有优异的非对映选择性和对映选择性。最后，通过Pictet-Spengler环化反应，成功实现了1,3,4-三取代四氢异喹啉化合物的手性合成。其中，酶催化策略是通过从黄唐松草中分离得到去甲乌药碱合酶（TfNCS），并将其用于手性胺和苯乙醛的Pictet-Spengler环化反应。最终以三步串联反应、88%的总收率和97%的对映选择性得到（1R,3S,4R）-1-苄基-3-甲基-4,6-二羟基四氢异喹啉化合物。而化学酶催化策略，则是基于底物手性诱导，通过化学合成手段实现Pictet-Spengler环化反应，并以77%总收率和97% ee值实现（1R,3S,4R）-1-（2-溴苯基）-3-甲基-4,6-二羟基四氢异喹啉的手性合成。

与此同时，Ward小组采用黄唐松草去甲乌药碱合酶变异体（TfNCS-variant）作为催化剂，抗坏血酸为还原剂，4-羟乙基哌嗪乙磺酸（HEPES）溶液为缓冲溶液，成功实现了多巴胺与非活化酮的不对称Pictet-Spengler环化反应中（图3-19）[29]。这也是首次将去甲乌药碱合酶用于螺环骨架1,1-二取代四氢异喹啉生物碱的高对映选择性合成。

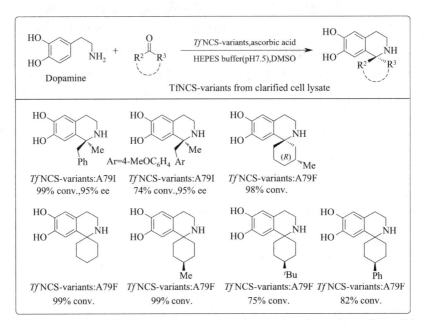

图3-19 生物酶NCS催化螺手性四氢异喹啉生物碱的合成

2014年，Nishihachijo课题组采用生物酶催化体系，即表达日本黄连（Coptis japonica）去甲乌药碱合酶（CjNCS-Δ29）的大肠杆菌无细胞提取物为催化剂，分别实现了多巴胺与氢化肉桂醛和丁醛的Pictet-Spengler环化反应（图3-20）[30]。去甲乌药碱合酶CjNCS-Δ29对该类底物具有立体专一性，可高对映选择性合成相应的苄基四氢异喹啉化合物[31]。

Hailes课题组在去甲乌药碱合酶催化的Pictet-Spengler环化反应研究中也取得了突破性的进展。2015年，Hailes课题组从单一原料多巴胺出发，通过转氨酶（Transaminase，

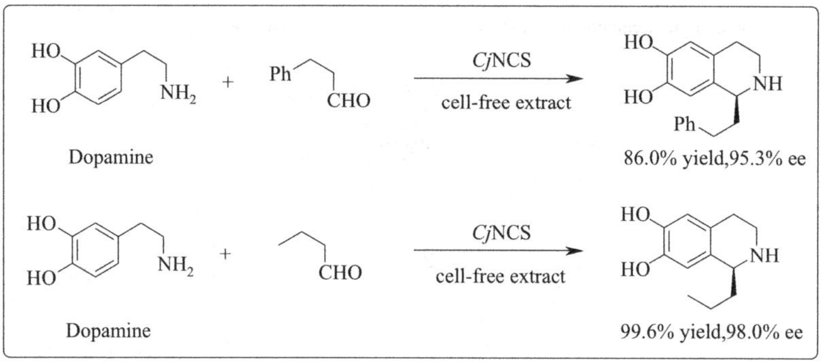

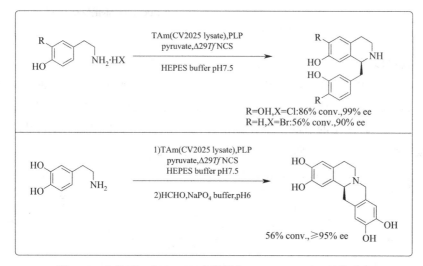

图 3-20 生物酶 NCS 催化多巴胺与烷基醛的 Pictet-Spengler 环化反应

TAm)-去甲乌药碱合酶串联催化策略，经一锅法三级串联反应，创造性地实现了苄基四氢异喹啉化合物的高对映选择性合成（图 3-21）[32]。

图 3-21 生物酶 TAM-NCS 串联催化 Pictet-Spengler 环化反应

其反应过程如下（图 3-22）：首先，一分子的多巴胺在转氨酶作用下，与丙酮酸发生一分子氨基转移，转化为 3,4-二羟基苯基乙醛；随后，一分子的多巴胺与 3,4-二羟基苯基乙醛在去甲乌药碱合酶催化下，发生 Pictet-Spengler 环化反应，选择性地生成 S 构型苄基四氢异喹啉化合物；最后，如果继续向反应体系中加入甲醛，则苄基四氢异喹啉与甲醛在弱酸性条件下，继续发生分子内的 Pictet-Spengler 环化反应实现关环，最终实现双四氢异喹啉骨架结构的构建。反应过程中共涉及两次 Pictet-Spengler 环化反应、一次一级胺的氧化反应和一个手性立体中心的构建，而手性中心的立体选择性则由去甲乌药碱合酶的立体专一性来控制。该策略将酶催化的生物合成和化学合成过程有机地结合起来，成功地实现了单一原料的三级串联反应。

2019 年，Hailes 课题组首次采用黄唐松草去甲乌药碱合酶催化的 Pictet-Spengler 环化反应，通过 α-甲基醛的动态动力学拆分，以一步反应实现了具有两个连续手性中心的苄基四氢异喹啉生物碱的高活性、高立体选择性合成（图 3-23）[33]。由于 α-甲基醛结构

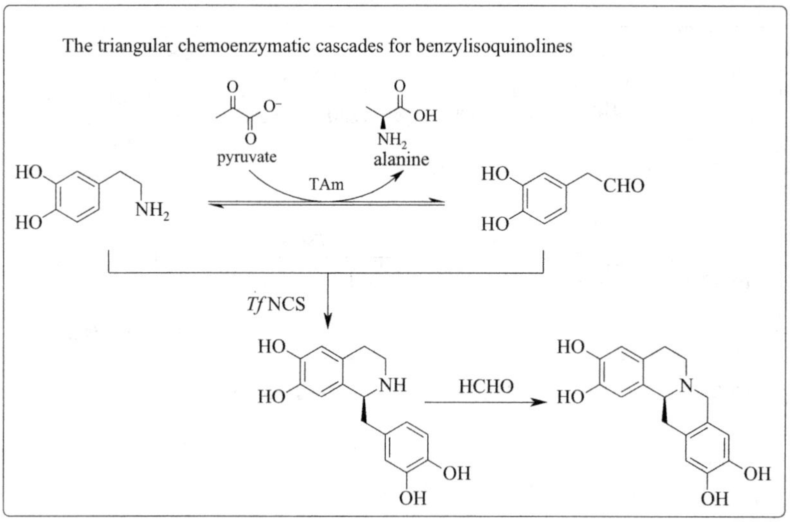

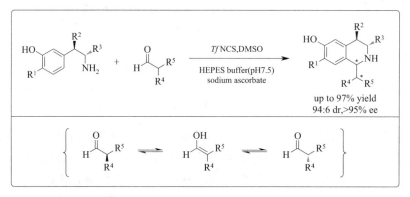

图 3-22　生物酶 TAM-NCS 串联催化 Pictet-Spengler 环化反应机理

（文献来源：*Green Chem*. **2015**，17，852-855）

的特殊性，其可以通过酮式-烯醇式快速互变异构，实现其两种构型的相互转变。因此，在 2-芳基乙胺与 α-甲基醛的 Pictet-Spengler 环化反应中，利用 α-甲基醛的动态动力学拆分，使反应具有优异的非对映选择性（96∶4 dr），优先生成某一单一构型产物，获得高收率的目标产物。而反应的对映选择性则由酶的立体专一性来控制。反应中若采用手性 2-芳基乙胺，则可以得到具有四个手性中心的苄基异喹啉生物碱。

图 3-23　生物酶 NCS 催化多手性中心四氢异喹啉生物碱的合成

3.3.3　生物酶催化不对称还原反应

亚胺还原酶（Imine reductase，IREDs）是一种基于还原型烟酰胺腺嘌呤二核苷酸磷酸（Nicotinamide adenine dinucleotide phosphate，NADPH）的氧化还原型酶，它可以催化潜手性亚胺还原为相应的手性胺[34]。NADPH 是一种辅酶，也叫还原型辅酶Ⅱ，NADP＋（烟酰胺腺嘌呤二核苷酸磷酸，即辅酶Ⅱ）是 NADPH 的氧化形式（图 3-24）。NADP＋/NADPH 可以作为脱氢酶的辅酶，通常作为氢负离子的供体，在生物体内的酶促反应中起传递氢的作用。NADP+/ NADPH 可参与生物体内多种代谢合成反应，如胆固醇、脂肪酸和核苷酸等的合成，也可参与植物体内二氧化碳的固定。

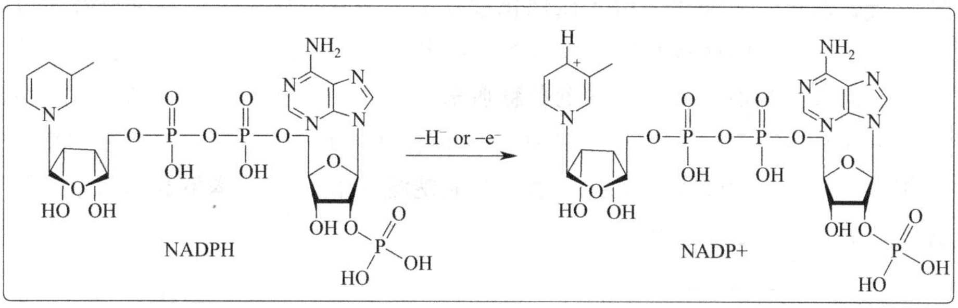

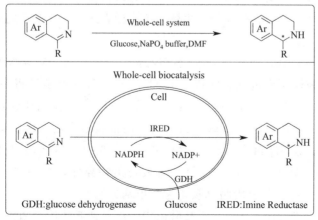

图 3-24　NADPH 在生物体内的转化

3.3.3.1 亚胺还原酶催化不对称还原反应的模式

亚胺还原酶催化亚胺的不对称还原反应，主要通过两种模式实现。

第一种途径是通过全细胞生物催化过程实现（图 3-25）。在表达亚胺还原酶的活体细胞内，除了有丰富的亚胺还原酶和葡萄糖脱氢酶（Glucose dehydrogenase，GDH）以外，还包含有少量的 NADP+/ NADPH。而在全细胞生物催化过程中，通过利用细胞内的亚胺还原酶和葡萄糖脱氢酶作为共催化剂，NADP+/ NADPH 为氢源来实现亚胺的不对称还原反应。在反应过程中，无需加入大量的 NADPH 提供氢负离子，而是通过加入葡萄糖，使催化量的 NADPH 能够循环利用[35]。其催化过程如下：在葡萄糖脱氢酶作用下，反应中外加的葡萄糖发生脱氢反应，并作为氢供体，使反应中催化量的氢源 NADP+/ NADPH 能够实现再生及循环利用。随后，在亚胺还原酶催化下，以 NADP+/ NADPH 作为氢源，1-取代二氢异喹啉发生不对称还原反应。在整个全细胞生物催化反应中，除了表达亚胺还原酶的活体细胞和亚胺原料外，只需通过加入葡萄糖作为氢源供体帮助实现氢源再生。此外，为了保持细胞内酶的催化活性，反应需要在磷酸-磷酸钠（H_3PO_4-Na_3PO_4）缓冲溶液（如无特殊情况，下文均以磷酸钠缓冲溶液与 $NaPO_4$ 代替）中进行。

图 3-25　全细胞生物催化亚胺的不对称还原反应

第二种途径则是通过生物酶催化亚胺的不对称还原反应，实现手性胺的对映选择性合成（图 3-26）。与第一种策略不同，在该过程中无细胞参与催化反应，而是纯生物酶催化的反应过程。通过对活体细胞内亚胺还原酶进行分离纯化、基因的克隆和表达，实现亚胺还原酶的重组表达及合成纯化。由于该催化过程中无细胞参与，因此反应中需葡萄糖、葡萄糖脱氢酶、还原型烟酰胺腺嘌呤二核苷酸磷酸酯等，来保证反应过程中氢源的供给。与全细胞生物催化过程类似，葡萄糖在葡萄糖脱氢酶作用下，将氢负离子提供给 NADP＋，使得反应中不断有 NADPH 产生，为亚胺的不对称还原反应提供稳定氢源。随后在亚胺还原酶的作用下，NADPH 作为氢源，通过磷酸钠缓冲溶液调节体系 pH，成功实现 1-取代二氢异喹啉的不对称还原反应。

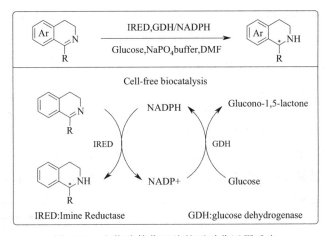

图 3-26　生物酶催化亚胺的不对称还原反应

3.3.3.2　亚胺还原酶催化亚胺的不对称还原反应

亚胺还原酶作为一种新型生物酶催化剂，目前已被广泛地应用于手性胺化合物的不对称合成中[36]。根据亚胺还原酶在不对称还原反应中立体选择性的不同，可以分为 R 选择性亚胺还原酶（(R)-IREDs）和 S 选择性亚胺还原酶（(S)-IREDs）。亚胺还原酶主要从链霉菌（Streptomyces）、东方拟无枝酸菌（Amycolatopsis orientalis）等中分离提纯得到。亚胺还原酶，经过分离、提纯及经大肠杆菌进行表达，使化学家们对其结构及催化原理有了更为深入的了解。

近年来，Turner、Mitsukura 等课题组在亚胺还原酶催化二氢异喹啉的不对称还原反应研究中取得了突破性研究进展。2011 年，Mitsukura 课题组从链霉菌中分离得到 R 选择性亚胺还原酶，并对其进行了纯化和表征（图 3-27）[37]。他们认为这是一种由 32kDa 亚单位组成的同型二聚体，是一种基于 NADPH 的依赖型生物酶。将该生物酶用于 5-甲基二氢吡咯的还原，在 pH 值为 6.5～8 时，可以最高 99％ ee 得到手性 2-甲基吡咯啉。令人惊喜的是，这种生物酶对 5-甲基二氢吡咯表现出特异性，如果将 pH 值调节为 10～11.5 时，则可以同时将 2-甲基吡咯啉氧化为 5-甲基二氢吡咯。

2016 年，Turner 课题组从东方拟无枝酸菌中分离得到亚胺还原酶，并通过大肠杆菌对其进行表达和分离提纯[38]。研究发现，该亚胺还原酶的结构有三种形式：开放式载脂蛋白结构、封闭式 NADPH 复合物和封闭式三元复合物。亚胺还原酶的结构如图 3-28 所示，是一种二聚体结构，由单体 A（浅蓝色）和单体 B（金色）组成，具有经典亚单位之间的共享折叠结构（图 3-28）。还原型辅酶 NADPH 则处于二聚体的连接处，碳原子以灰色显示。

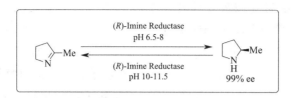

图 3-27　生物酶催化二氢吡咯的不对称还原和吡咯啉的氧化

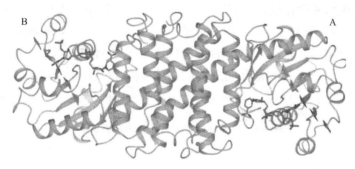

图 3-28　东方拟无枝酸菌中（S）-亚胺还原酶的二聚体结构

（文献来源：*ACS Catal.* **2016**，*6*，3880-3889）

为了进一步了解，亚胺还原酶与辅酶、底物之间的作用模式，化学家们也做了大量的实验。Turner 课题组采用东方拟无枝酸菌分离纯化得到的亚胺还原酶和还原型辅酶 NADPH 及 1-甲基-1,2,3,4-四氢异喹啉外消旋体混合物共结晶，得到相应的三元配合物（图 3-29）。单体 A 和单体 B 的肽链和侧链碳原子分别用浅蓝色和金色来表示。亚胺还原酶作为一种蛋白质，主要由氨基酸经脱水缩合形成，其结构中包含有大量的氨基酸残基。从亚单位界面的缩略图来看，亚胺还原酶的电子密度与（R）-1-甲基-1,2,3,4-四氢异喹啉和还原型辅酶 NADPH 结构中除烟酰胺结构片段外基本一致。亚胺还原酶中的胺基残基是其催化活

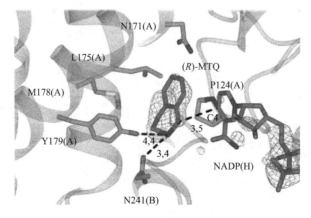

图 3-29　（S）-亚胺还原酶与底物作用模式

（文献来源：*ACS Catal.* **2016**，*6*，3880-3889）

性位点，是通过氢键作用与 NADPH 和底物结合。而 NADPH 则通过其骨架中烟酰胺结构片段，将氢负离子转移至碳氮双键中的亲电碳原子上，从而实现其不对称还原。

随后，多个课题组将亚胺还原酶用于异喹啉骨架亚胺的还原（表 3-1）。2013 年，Turner 课题组从链霉菌（Streptomyces sp. GF3546）中，分离得到 S 选择性亚胺还原酶，并对其基因进行克隆和表达[39]。通过将 S 选择性亚胺还原酶在大肠杆菌中表达，得到相应的全细胞生物催化剂。作者利用该全细胞生物催化剂，采用葡萄糖使得辅酶能够循环利用，成功实现了 1-甲基-3,4-二氢异喹啉的不对称还原，以大于 98% 的收率和 98% 的 ee 值分别实现 6,7-甲氧基-1-甲基四氢异喹啉和 1-甲基四氢异喹啉的高对映选择性合成。该反应为全细胞生物催化过程，在表达 S 选择性亚胺还原酶在大肠杆菌细胞中，富含丰富的（S）-亚胺还原酶和葡萄糖脱氢酶及少量 NADPH/NADP＋，因此只需在反应中加入葡萄糖为反应提供氢源，加入磷酸钠缓冲液（pH＝7）维持细胞活性，加入 N,N-二甲基甲酰胺（2%，体积比）以增加底物的溶解性。该策略不仅适用于 1-甲基-3,4-二氢异喹啉的不对称还原反应，同样可应用于 1-取代-β-四氢咔啉、2-取代吡咯啉、2-取代哌啶的高对映选

表 3-1　亚胺还原酶催化不对称还原反应

Entry	Enzyme (From)	Conditions	Product		Group (Year)
1	(S)-Imine reductase From Streptomyces sp. GF3587 in Escherichia coli	whole-cell system: $NaPO_4$(pH=7), glucose, DMF	(S)	R=Me, R^1=H up to >98% conv., 98% ee; R=Me, R^1=MeO up to >98% conv., >98% ee	Turner (2013)
2	(S)-Imine reductase From Streptomyces sp. GF3587 in Escherichia coli	cell-free extract: NADPH, GDH KPO_4(pH=7.5), glucose	(S)	R=Me, R^1=H up to 23% conv, 96.4% ee; R=Me, R^1=MeO up to 2% conv, >99% ee	Mitsukura (2013)
3	(R)-Imine reductase From Streptomyces sp. GF3587 in Escherichia coli	whole-cell system: $NaPO_4$(pH=7), glucose, DMF	(R)	R=Me, R'=H 98% conv., 71% ee; R=Me, R'=Me 24% conv., 74% ee.	Turner (2015)
4	(S)-Imine reductase From Amycolatopsis orientalis	GDH/NADP+ $NaPO_4$(pH=7.5) D-glucose, DMF	(S)	R=Me, R'=H, R^1=H or MeO up to 100% conv., 81% ee; R=Me, R'=Me, R^1=H 40% conv., 92% ee	Turner (2016)
5	(R)-Imine reductase From Paenibacillus lactis	GDH/NADP+ KPO_4(pH=7.0) glucose, DMSO	(S) Me	98% conv., 99% ee	Zheng & Xu (2016)
6	88 New Imine reductases In Escherichia coli	GDH/NADP+ KPO_4(pH=7.0) glucose, DMSO	Ar	up to 100% conv. >99% ee	Qu (2017)

择性合成。在生物催化中，能同时获得目标产物的一对对映体的对映体互补酶仍然是一个关键的挑战。与此同时，Mitsukura 课题组采用纯化的链霉菌产生的 (S)-亚胺还原酶作为还原剂，实现了 6,7-二甲氧基-1-甲基和 1-甲基取代 3,4-二氢异喹啉的不对称还原反应，分别以 96.4% 的 ee 和 99% 的 ee 得到相应的四氢异喹啉产物，但反应的活性较低。

2015 年，该课题组进一步报道了链霉菌中 (R)-亚胺还原酶在大肠杆菌中的异源表达，采用全细胞生物催化 1-取代二氢异喹啉及其烷基卤代盐的不对称还原反应，成功实现了异喹啉骨架二级胺及三级胺的对映选择性合成[40]。通过利用链霉菌中 (R)-和 (S)-亚胺还原酶分别在大肠杆菌中表达，经全细胞生物催化过程，分别实现了 1-甲基-1,2,3,4-四氢异喹啉化合物的双向对映选择性合成。

2016 年，Turner 课题组从东方拟无枝酸菌（Amycolatopsis orientalis）分离得到 (S)-亚胺还原酶，并通过大肠杆菌进行表达和分离提纯[38]。通过新鲜分离纯化的 (S)-亚胺还原酶为催化剂，成功实现了异喹啉骨架亚胺及亚胺盐的不对称还原。该反应为纯生物酶催化反应过程，因此在反应过程中需加入葡萄糖脱氢酶、葡萄糖及催化量 NADP+，使得反应中的 NADPH 能够实现催化循环。

此外，研究发现采用生物催化剂催化 1-甲基-3,4-二氢异喹啉的不对称还原时，反应的活性及立体选择性与所使用生物催化剂的形式和时期不同密切相关（图 3-30）。当采用能够表达亚胺还原酶的新鲜细胞裂解物为催化剂（即全细胞生物催化剂）时，可以 85% 的 ee 值得到 (S)-1-甲基-1,2,3,4-四氢异喹啉；而以新鲜纯化所得亚胺还原酶为催化剂，则可以 81% 的 ee 值 (S) 得到目标产物。若将纯化所得亚胺还原酶于 4℃ 下保存 24h 后，用于不对称还原反应，则可以 98% 的 ee 值得到 (R)-1-甲基-1,2,3,4-四氢异喹啉，产物的构型发生了翻转。通过对亚胺还原酶催化 1-甲基-3,4-四氢异喹啉不对称还原反应进行监测，发现产物的立体选择性随着储存时间稳定地增加，最终得到构型完全相反的产物。

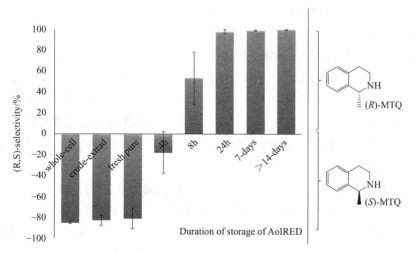

图 3-30 亚胺还原酶催化双向不对称还原
（文献来源：ACS Catal. 2016，6，3880-3889）

为了进一步探索反应发生构型翻转现象的原因及反应机理，作者在反应中使用当量的

NADPH 作为氢源时，同样可以观察到产物立体构型翻转的现象。因此，反应中葡萄糖脱氢酶并不是导致产物立体构型发生翻转的原因。此外，作者通过实验排除了亚胺还原酶制备中加入的咪唑、二硫苏糖醇以及大肠杆菌粗提取物中分离的纯化的亚胺还原酶等对反应的影响。研究发现向新鲜纯化的亚胺还原酶中加入等浓度的牛血清白蛋白（Bovine serum albumin，BSA）时，可以减缓产物构型由 S 向 R 进行转变。采用纯化的放置 72h 后的含有牛血清白蛋白的亚胺还原酶为催化剂时，可同样以 98% 的 ee 值得到 (R)-1-甲基-1,2,3,4-四氢异喹啉。亚胺还原酶静置时间较不加牛血清白蛋白要久一些。

2016 年，华东理工大学郑高伟、许建和教授课题组报道了一种新的在大肠杆菌中异源表达的乳酸芽孢杆菌（Paenibacillus lactis）(R)-亚胺还原酶，并对其进行了纯化和鉴定[41]。这种 (R)-亚胺还原酶对 1-取代-3,4-二氢异喹啉的不对称还原表现出优异的催化活性，可以获得 98% 的转化率和 99% 的 ee 值。该策略为纯生物酶催化亚胺还原策略，采用含亚胺还原酶的无细胞提取物为催化剂，因此反应过程中需加入葡萄糖脱氢酶、葡萄糖和催化量的 NADP＋ 以保证反应中 NADPH 的供应。该反应以 pH 为 7 的磷酸钾缓冲溶液和二甲亚砜（体积比为 1%）为溶液，底物适用范围相对较广，对 $3H$-吲哚和 N-烷基-$3H$-吲哚碘化物底物同样具有非常好的活性和对映选择性。

亚胺还原酶具有高度的立体专一性，通常一种亚胺还原酶只适用于一种构型的底物，其底物适用范围往往有限，因此需要发展更多专一性更广、催化效率和立体选择性更高的酶。为了解决这一问题，武汉大学瞿旭东教授课题组对亚胺还原酶的空间序列进行了更广泛的探索[42]。通过对大量的新型亚胺还原酶（88 种）的结构进行系统的鉴定和评价，并将其应用于 1-芳基-3,4-二氢异喹啉的不对称还原反应中。通过筛选出一组具有高度抗干扰能力的酶，成功地实现了一系列 1-芳基-1,2,3,4-四氢异喹啉的高活性及高对映选择性合成。研究发现，对于不同的亚胺还原酶，其底物适用范围不同。此外，亚胺还原酶对于大位阻取代二氢异喹啉底物不具有催化活性。

植物内往往富含大量的 1-取代四氢异喹啉生物碱，主要包括 1-芳基取代和 1-苄基取代-N-甲基四氢异喹啉生物碱。尽管亚胺还原酶催化亚胺的不对称还原取得了一定的研究进展，但是对于植物内这类四氢异喹啉生物碱的生物合成仍存在很多问题。首先，植物体内生成 1-取代四氢异喹啉生物碱的方式仍不清楚，缺乏对重建四氢异喹啉生物合成中相关生物酶的基因知识的了解；其次，植物体内四氢异喹啉生物碱取代基类型不同、位置不同，种类繁多；最后，重建微生物的生物合成途径需要引入大量的基因，这给微生物带来了沉重的代谢负担。

2020 年，瞿旭东教授课题组采用亚胺还原酶/葡萄糖脱氢酶/乌药碱 N-甲基转化酶（Coclaurine N-methyltransferase，CNMT）联合催化，通过一锅法成功地实现了 C-1 位取代-3,4-二氢异喹啉的不对称还原和氮甲基化的串联反应（图 3-31）[43]。乌药碱 N-甲基转化酶是一种重要的合成 (S)-reticulene 的酶，它可以将甲基取代基引入到乌药碱的氮原子上。而从日本黄连中分离的乌药碱 N-甲基转化酶可以实现四氢异喹啉底物进行甲基化。反应中采用 (S)-腺苷甲硫氨酸［AdoMet：(S)-Adenosylmethionine］作为甲基化试剂。通过该策略成功地合成了五种 N-甲基-1-取代四氢异喹啉骨架生物碱的高活性高对映选择性合成，包括 1-苯基和 1-苄基取代底物的合成，如 Cryptostyline Ⅰ，Ⅱ，Ⅲ 和 Laudanosine 等。

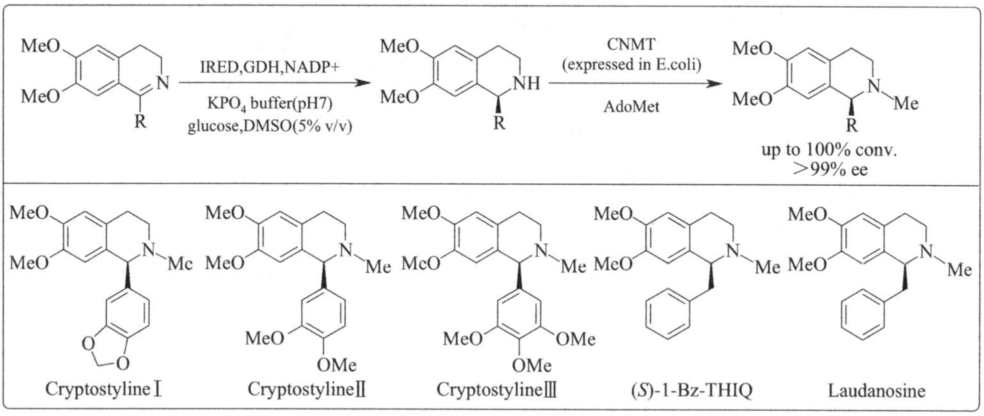

图 3-31 亚胺还原酶催化亚胺的不对称还原

鉴于金属离子易导致生物酶催化剂失活，生物酶催化与金属有机催化结合的串联反应，往往具有较大的挑战性。而生物酶催化反应的高选择性和立体专一性，使得生物酶与金属有机联合催化体系仍受到广泛的关注。通过在宿主蛋白酶中加入生物素复合物，可合成与天然酶完全相容且互补的人工金属酶（Artificial metalloenzyme）催化剂，从而实现有效且并行的串联反应。人工金属酶是指通过向蛋白质环境中引入金属催化剂而产生的酶，人工金属酶催化过程，是将化学催化中心与肽支架相结合，通过改变催化微环境实现化学转化的过程。近年来，人工金属酶催化亚胺的不对称还原反应受到了化学家们的广泛关注。

2011 年，Ward 课题组采用人工转氢酶（Artificial transfer hydrogenases，ATHase，也叫亚胺还原酶）为催化剂，通过 6.7-二甲氧基-1-甲基-3,4-二氢异喹啉的不对称还原反应，实现 (R)-猪毛菜定碱 [(R)-salsolidine] 的手性合成（图 3-32）[44]。(R)-猪毛菜定碱作为一种四氢异喹啉生物碱，能够立体选择竞争性地抑制 MAO_A 的活性。其中，R 构型猪毛菜定碱较 S 构型具有更好的抑制活性。猪毛菜定碱在抑制乙酰胆碱酯酶和丁酰胆碱酯酶上具有潜在应用价值。作者通过将野生型链霉亲和素（Streptavidin，Sav）S112A 四聚体与过渡金属铱催化剂（[Cp * Ir(Biot-p-L)Cl]）相结合，采用手性磺酰二胺为配体，甲酸钠为氢源，在 3-吗啉丙磺酸（MOPS）/醋酸钠缓冲体系下，通过四氢异喹啉骨架亚胺的不对称转氢反应，以 100% 的转化率和 96% 的 ee 值实现 (R)-猪毛菜定碱的高对映选择性合成。

2013 年，Ward 课题组通过基因微调邻近金属催化剂的微反应环境策略，实现了基于生物素-链霉亲和素技术的人工亚胺还原酶催化的 1-甲基-3,4-二氢异喹啉的不对称还原反应催化效率的提高[45]。链霉亲和素异构体可通过在大肠杆菌中重组表达，并经柱色谱进行分离纯化。在该反应中，作者采用不同的链霉亲和素突变体和过渡金属铱催化剂结合作为人工亚胺还原酶。人工金属酶可以通过调整金属催化剂的反应微环境来改善其催化活性，如修饰周围的宿主蛋白（图 3-33）。研究发现，通过对过渡金属 {Cp * Ir} 周围第二

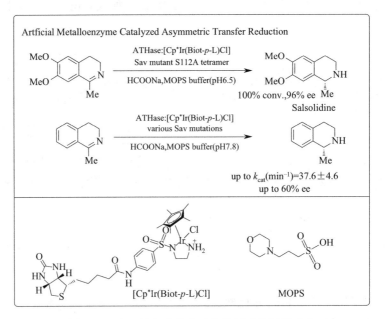

图 3-32　人工转氢酶催化亚胺的不对称还原反应

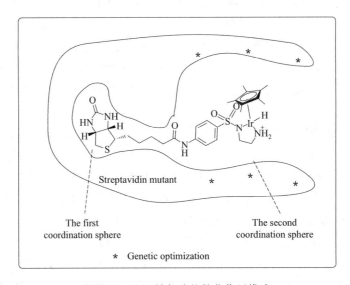

图 3-33　人工转氢酶的催化作用模式

（文献来源：*ACS Catal.* **2013**，*3*，1752-1755）

配位球的遗传优化，可以有效改善基于生物素-链霉亲和素技术的人工亚胺还原酶的催化性能。遗传优化通常是通过快速改变作用位点导向的突变策略来实现的。如通过在活性部位引入亲脂氨基酸残基，增加其活性部位的亲脂性，其催化效率较野生型亚胺还原酶提高了 8 倍。反应的速率常数最高可达 $42.2\mathrm{min}^{-1}$。通过进一步对多种人工亚胺还原酶的动力学行为进行研究，发现底物的浓度对酶的催化活性有影响，且浓度过高时会抑制其催化反应活性。

3.3.4 生物酶催化去外消旋化反应

去外消旋化由两个反应方向相反并且机理途径完全不同的过程组成，其中至少一个过程需要进行有效的对映选择性控制[46]。氧化还原是去外消旋化反应中最常见的一种组合，通过手性中心的破坏与重建来实现去外消旋化。这一过程的难点主要在于同一反应器中氧化剂与还原剂在热力学和动力学上都极易发生相互淬灭，目前主要采用分步操作或物理隔离来解决这一问题。

3.3.4.1 有机胺的去外消旋化策略

胺类化合物的去外消旋化，主要包括两种模式：线性氧化还原去外消旋化和循环氧化还原去外消旋化（图 3-34）。线性氧化还原去外消旋化反应是指胺的外消旋体混合物在氧化剂作用下，首先非选择性地全部转化为潜手性亚胺中间体（或亚胺盐），再经不对称还原转化为手性胺；循环氧化还原去外消旋化反应则是指胺的外消旋体混合物在氧化剂作用下，其中一种对映异构体经选择性氧化为潜手性亚胺中间体（或亚胺盐），再经非选择性还原为外消旋体混合物，选择性氧化-非选择性还原过程不断循环，使得另一种对映异构体不断积累，从而实现胺的去外消旋化过程。不同于动力学拆分过程，胺的去外消旋化反应可以最高 100% 的理论收率得到手性胺化合物，有效地避免了手性资源的浪费。

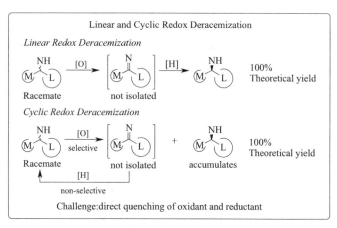

图 3-34　有机胺的线性/循环氧化还原去外消旋化策略

3.3.4.2 生物酶催化有机胺的氧化还原去外消旋化

截至目前，胺的去外消旋化反应在很大程度上主要依赖于生物酶催化体系，生物酶催化胺的去外消旋化是实现胺的去外消旋化最主要的策略[47]。生物酶催化胺的去外消旋化是实现胺的去外消旋化反应的最主要策略。

氧化还原是去外消旋化反应中最常见的一种组合方式，因此在生物酶催化胺的去外消旋化反应中通常会涉及以下两种类型酶中的一种或两种，一种是上一节中所提到的亚胺还原酶（即转氢酶），另一种则是单胺氧化酶（Monoamine oxidase，MAO）。单胺氧化酶是一种具有多个结合部位的单一分子酶，可以催化单胺氧化脱氨反应，主要作用于一级胺、甲基化的二级胺和三级胺化合物，或用于催化二级胺、三级胺的脱氢反应。单胺氧化酶主要存在于在肝、肾、脑等组织的线粒体中，以黄素腺嘌呤二核苷酸（flavin adenine dinu-cleotide，FAD）为辅酶，参与儿茶酚胺的分解代谢。儿茶酚胺是一种含有儿茶酚和胺基的神经类物质，包括多巴胺及其衍生物去甲肾上腺素和肾上腺素等。单胺氧化酶抑制剂可用作抗抑郁的精神类药物，是最早发现的抗抑郁剂。

氧化还原去外消旋化策略通过将单胺氧化酶和不同的生物或化学还原体系相结合，如NADPH-亚胺还原酶、HCOONa-转氢酶、Pd-H$_2$、BH$_3$-NH$_3$ 等，实现四氢异喹啉、四氢咔啉、吡咯啶、哌啶、简单伯胺等胺类化合物的去外消旋化反应（表 3-2）。若将单胺氧化酶与选择性还原体系相结合，则可通过线性氧化还原去外消旋化模式实现；将单胺氧化酶与非选择性还原体系结合，如 Pd-H$_2$、BH$_3$-NH$_3$ 等，则可通过循环氧化还原去外消旋化模式实现。该策略主要通过细胞膜从空间上将氧化剂和还原剂进行隔离，或利用分布操作从时间上进行隔离，从而有效地避免了氧化剂与还原剂之间的相互淬灭。

表 3-2　酶催化胺的去外消旋化反应

Entry	Catalytic system	Product
1	MAO-N, air BH$_3$ · NH$_3$ KPO$_4$ buffer, pH 7.6	97% ee; 98% ee; up to 99% ee; 99% ee; 97% ee; >99% ee; 99% ee
2	MAO-N, air Pd, H$_2$ MOPs buffer, pH 7.6	96% ee
3	MAO-N, air ATHase, Catalase, HCOONa MOPs buffer, pH 7.8	>99% ee; >99% ee
4	6-HDNO, air (R)-IRED, NADPH, Glucose KPO$_4$ buffer, pH 7.4	up to 99% ee; up to 99% ee

近十年来，Turner 小组一直致力于酶催化胺的去外消旋化反应的研究，并随着对单胺氧化酶和亚胺还原酶的逐渐探索，成功地实现了简单伯胺、吡咯啶、哌啶、四氢异喹啉、四氢咔啉等胺类化合物的去外消旋化，取得了突破性的研究进展[48]。

2005 年，Turner 课题组通过将大肠杆菌培养克隆的黑曲霉素（Aspergillus niger）单胺氧化酶（MAO-N）基因与硼烷氨络合物还原体系相结合，成功实现了 1-甲基-1,2,3,4-四氢异喹啉外消旋体混合物的去外消旋化反应（图 3-35）[49]。该反应是以单胺氧化酶为催化剂，空气中氧气为氧化剂，硼烷氨络合物为还原剂实现的。氧化剂和还原剂分别为两相体系，接触面积小，可避免相互淬灭；另一方面，可通过细胞膜进行有效隔离。研究发现，表达 Asn336Ser/Ile246Met 基因的变异单胺氧化酶，可将 S 构型 1-甲基四氢异喹啉化合物选择性氧化为亚胺，随后再经硼烷氨络合物选择性还原为外消旋体混合物。即通过选择性氧化/非选择性还原过程不断循环，从而实现其去外消旋化过程。当采用全细胞生物催化体系时，反应可以 71% 的收率和 99% 的对映选择性得到 (S)-1-甲基-1,2,3,4-四氢异喹啉；若将单胺氧化酶固定在树脂结构上，并延长反应时间，则可以 95% 的收率和 99% 的 ee 值实现去外消旋化。2007 年，该课题组基于模板记忆法，将单胺氧化酶和硼烷氨络合物催化体系用于 Crispine A 生物碱的去外消旋化，并以 97% 的对映选择性得到 (R)-Crispine A[50]。

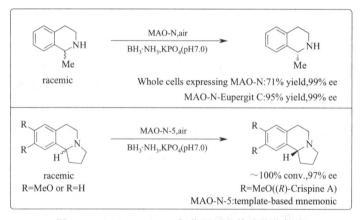

图 3-35　MAO-N/BH$_3$ 氧化还原去外消旋化策略

2011 年，Lloyd & Turner 课题组同样利用大肠杆菌培养克隆的黑曲霉素单胺氧化酶基因和纳米生物还原 Pd(0) 催化剂，通过将单胺氧化酶催化选择性氧化与钯催化非选择性还原结合，即 MAO-N/Pd-H$_2$ 催化体系，经亚胺中间体，成功实现了 1-甲基-1,2,3,4-四氢异喹啉外消旋体混合物的去外消旋化（图 3-36）[51]。该反应采用全细胞生物催化体系，经一锅法两步反应来实现的。在去外消旋化过程中，(S)-1-甲基-1,2,3,4-四氢异喹啉首先在单胺氧化酶 MAO-N-D5（MAO-N-D5 是一种单胺氧化酶变异体，在基因中包含有五个点突变）作用下，以空气中氧气为氧化剂，选择性氧化为 1-甲基-3,4-二氢异喹啉。随后采用氮气气流，将空气赶出体系，通过分步反应，将氧化剂和还原剂进行有效的分离，避免二者之间发生相互淬灭反应。再以氢气为还原剂，通过过渡金属催化还原为 1-甲基-1,2,3,4-四氢异喹啉外消旋体混合物，直至反应体系中 S 构型四氢异喹啉被消耗完全，而与此同时，R 构型产物不断积累。在去外消旋化过程中，氧化过程需经 2h 完成，而还原过程则需 45min 完成。若反应中采用商业可得的钯碳作为催化剂，氢气为还原剂时，则可以 75% 的收率和 96% 的 ee 值得到 (R)-1-甲基-1,2,3,4-四氢异喹啉；若采用 Pd^{2+} 为催化剂前体，经纳米生物还原为 Pd(0) 催化剂，则反应收率有明显提升，可以 85% 的收率和 96% 的 ee 值得到 R 构型产物。研究显示，催化剂经五次氧化还原循环使用之后，催化剂的催化活性仍能够保持。

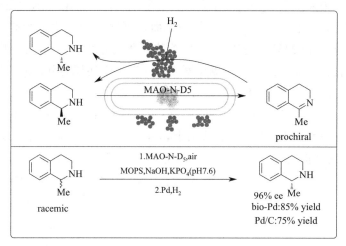

图 3-36　MAO-N/Pd-H$_2$ 氧化还原去外消旋化策略

生物酶催化胺的去外消旋化，通常反应条件温和且产物对映选择性高。但美中不足的是由于酶具有专一性，即反应立体专一性强，对于不同的胺类底物的去外消旋化，则需要对酶的结构进行不断的修饰。为了进一步丰富单胺氧化酶数据库，Turner 课题组于 2013 年报道了一系列黑曲霉素单胺氧化酶（MAO-N）变异体的开发和应用，这类单胺氧化酶显示出对底物空间位阻的耐受性和广泛的底物适用范围（图 3-37）[52]。不同的单胺氧化酶变异体，其适用范围不同，通常对于一级胺，环状骨架的二级胺、三级胺具有非常好的脱氨或脱氢活性。单胺氧化酶 MAO-N-D3、MAO-N-D10 和 MAO-N-D11 对于伯胺具有非常好的脱氨活性，可以将伯胺氧化为相应的酮；单胺氧化酶 MAO-N-D5、MAO-N-D11 则对环状骨架二级胺具有脱氢活性，可将其氧化为相应的潜手性亚胺；而 MAO-N-D9 对于四氢咔啉骨架的二级胺和三级胺具有脱氢活性，并将其氧化为相应的亚胺或亚胺盐化合物。

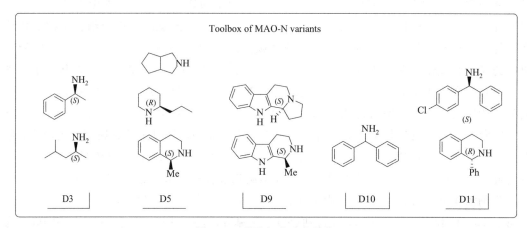

图 3-37　单胺氧化酶变异体

Turner 课题组利用其所发展的单胺氧化酶 MAO-N-D11 与 BH$_3$-NH$_3$ 还原体系相结合，以 90% 的收率和 98% 的对映选择性地实现了索非那新前体 (S)-1-苯基-1,2,3,4-四氢异喹啉的合成（图 3-38）。不仅如此，MAO-N-D5/BH$_3$-NH$_3$ 和 MAO-N-D9/BH$_3$-NH$_3$ 等催化体系分别用于（R）-Coniine、（R）-Eleagnine、（R）-Leptaflorin、（R）-Harmine 等天然产物的高对映选择性合成。而这些天然产物往往具有丰富的生理活性，如（R）-Coniine 是一种强效的神经毒素，（R）-Leptaflorin 是一种迷幻剂，（R）-Eleagnine 具有镇痛、抗炎和弱抗氧化等特性，而（R）-Harmine 则具有较强的抗利什曼原虫活性。

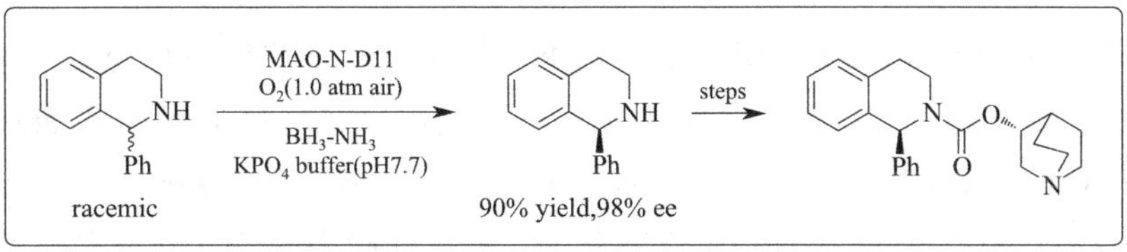

图 3-38　MAO-N/BH$_3$ 氧化还原去外消旋化策略合成索非那新前体

随后，Turner 课题组通过氧化还原去外消旋化策略，将单胺氧化酶与人工金属转氢酶结合，经双立体选择性去外消旋化反应，实现了（R）-1-甲基-1,2,3,4-四氢异喹啉化合物的高对映选择性合成（图 3-39）[53]。该策略为生物酶催化胺的双立体选择性去外消旋化串联反应。其反应过程包括两个催化循环，其机理如图 3-39 所示：首先，在单胺氧化酶作用下，以空气中的氧气为氧化剂，（S）-1-甲基-1,2,3,4-四氢异喹啉发生高选择性脱氢反应，生成亚胺中间体；而 R 构型四氢异喹啉则不被氧化。与此同时，氧化反应中所产生的过氧化氢可在催化酶（从牛肝中分离 Bovine liver）的作用下，与东莨菪内酯发生氧化还原反应，而转化为水。随后，在人工金属转氢酶催化下，以甲酸钠为还原剂，选择性还原为 R 构型产物；若还原反应立体选择性高，则可通过线性氧化还原策略实现（R）-1-甲基-1,2,3,4-四氢异喹啉的手性合成；若还原产物中仍有 S 构型产物，可继续通过氧化

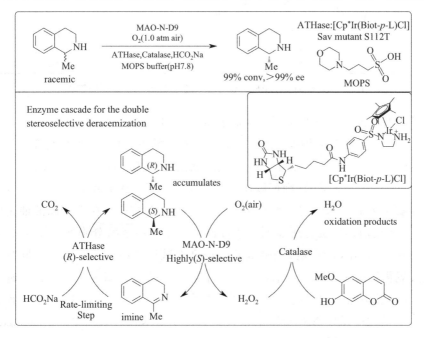

图 3-39　MAO-N/ATHase-HCOONa 氧化还原去外消旋化策略

还原循环策略，使 R 构型产物不断积累，从而实现其高对映选择性合成。

反应取得高对映选择性，主要取决于以下几方面：①反应的立体选择性是由单胺氧化酶决定的；②人工金属转氢酶催化亚胺还原的立体选择性不受单胺氧化酶和催化酶的影响；③单胺氧化酶 MAO-N-D9 中组氨酸的标记不影响人工金属转氢酶的催化活性；④R-选择性人工金属转氢酶、S-选择性单胺氧化酶及催化酶催化反应之间具有协同效应。

2014 年，Kroutil & Turner 课题组采用单胺氧化酶、硼烷氨络合物及小檗碱桥联酶（berberine bridge enzyme，BBE）的催化体系，通过四氢异喹啉骨架三级胺的去外消旋化和氧化脱氢碳碳偶联的串联反应，实现了 C-1 位苄基取代四氢异喹啉的对映选择性合成（图 3-40）[54]。首先，R 构型 N-甲基-1-苄基四氢异喹啉在单胺氧化酶作用下，选择性氧化为亚胺盐中间体，随后在硼烷作用下，非选择性还原为外消旋体混合物，直到实现其外消旋化，全部转化为 S 构型产物。而 S 构型 N-甲基-1-苄基四氢异喹啉则在小檗碱桥联酶催化下，经碳氢键活化，发生氧化脱氢碳碳偶联反应，最终实现目标产物的合成。

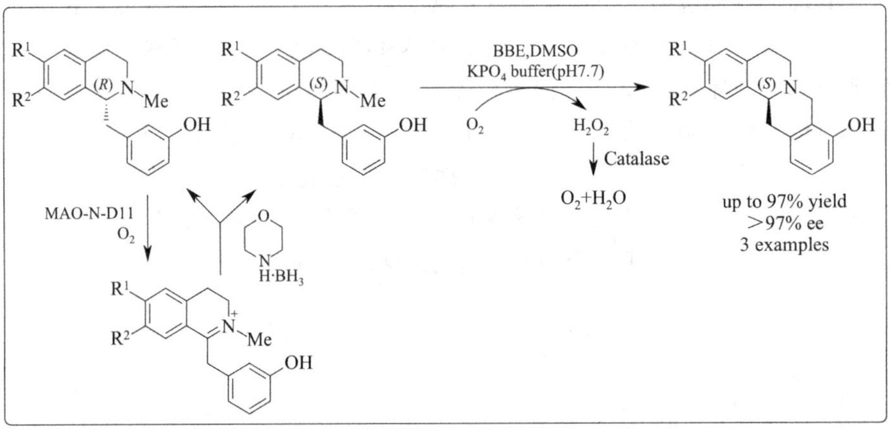

图 3-40　MAO-N/BH$_3$-BBE 氧化还原动态动力学拆分策略

2019 年，浙江大学吴坚平课题组分别采用线性和循环氧化还原去外消旋化策略，实现了 C-1 位羧基取代四氢异喹啉化合物的手性合成（图 3-41）[8]。研究发现，从腐皮镰孢菌（Fusarium solani）中分离得到的 D-氨基酸氧化酶可以将 D-1,2,3,4-四氢异喹啉-1-羧酸选择性氧化为亚胺，而 FAD 则可以作为氢受体参与氧化还原反应。该课题组利用腐皮镰孢菌种 D-氨基酸氧化酶的选择性氧化与硼烷氨络合物的非选择性还原的催化体系，以空气中氧气为氧化剂，硼烷为还原剂，通过循环氧化还原策略分别实现了 1,2,3,4-四氢异喹啉-1-羧酸和 1,2,3,4-四氢异喹啉-3-羧酸的高对映选择性合成[3]。与此同时，课题组将 D-氨基酸氧化酶选择性氧化与来自恶臭假单胞菌中的还原酶选择性结合，通过循环氧化还原去外消旋化策略，以最高 99% 的对映选择性实现了 1,2,3,4-四氢异喹啉-1-羧酸的手性合成[55]。催化体系中 NADPH 的再生则通过布罗基热厌氧菌（Thermoanaerobacter brockii）中醇氧化脱氢酶催化异丙醇的脱氢反应来实现。

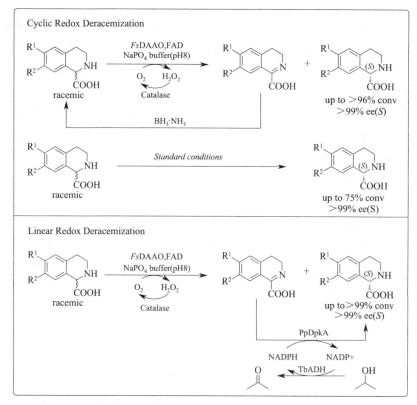

图 3-41 线性/循环氧化还原去外消旋化策略合成 α-羧基四氢异喹啉

3.4 手性四氢异喹啉化合物的生物合成策略的发展前景与展望

生物酶催化手性四氢异喹啉化合物的生物合成策略，通常具有反应条件温和、反应活性高、立体选择性强（包括化学选择性、非对映选择性和对映选择性）等特点。这些鲜明的优势使其在工业生产中具有广泛的应用前景。

但是，生物酶的合成以及生物酶在有机合成中的应用，仍面临着一些不可回避的问题，使其发展受到很大限制。

（1）生物酶结构复杂

生物酶化学结构复杂，它是由动植物和微生物中活细胞产生的对底物具有高度特异性和高效催化效能的蛋白质或 RNA。生物酶主要通过两种方式获取，一种是天然生物酶，主要通过动植物的细胞分离提纯来获取；天然生物酶含量少，提纯难度大，稳定性差，因此通过从动植物中分离提取天然生物酶来用于工业生产，显然受到了一定的局限性。

另一种是人工合成酶，是通过人工合成法，即化学合成法来制备的生物酶。人工合成法是根据酶的作用原理模拟酶的活性中心和催化机制，用化学合成法制备新型生物酶催化剂的方法。人工合成酶可进行大量的生产，并应用于工业生产中。但同时也存在一些问题，如人工合成酶在催化效能和立体专一性上并不具有优势。

（2）生物酶催化体系构成复杂

生物酶作为一种生物催化剂，其催化体系构成复杂。生物酶催化的化学反应往往需要多种生物酶的协同参与来实现。除了多种生物酶的参与以外，酶催化过程同时需要加入葡萄糖等物质，以保证反应的顺利进行。因此，生物酶催化反应机理复杂。

（3）生物酶具有专一性

生物酶催化反应的立体专一性强，特定的生物酶只适用于特定的反应和底物。因此生物酶催化的生物合成过程具有一定的局限性。反应类型的改变、底物结构的微小变化，均可导致生物酶的应用受到限制，如反应活性降低、立体控制减弱等。反应一旦发生改变，则需要对生物酶的结构进行不断的修饰，而生物酶的人工修饰难度大，这使得底物适用范围受到限制。

（4）生物酶保持活性的 pH 和温度范围较窄

为了保证生物酶的催化活性，反应需在特定的 pH（pH＝6～8）和温度（约 37℃）条件下进行。反应 pH 和温度的变化，都有可能使生物酶催化剂失活，反应活性大幅下降，甚至使反应不再发生。为了控制反应体系的 pH，生物酶催化体系往往需要采用添加缓冲溶液进行 pH 调节。反应中 pH 条件的限制，使得一些需要在强酸或强碱条件下进行的反应不能采用生物酶催化下进行。不仅如此，生物酶催化体系通常需要恒定的反应温度，以保证催化剂的活性。

因此，通过生物酶催化反应实现四氢异喹啉生物碱的化学合成仍具有很大的局限性。

基于目前存在的问题，生物酶催化合成四氢异喹啉生物碱的研究方向主要是以下几个方面：

（1）大力发展人工合成酶的制备，丰富生物酶数据库

根据酶的作用原理，模拟酶的活性中心和催化机制，用化学合成法制备高效、高选择性、结构较简单、较稳定的新型生物酶催化剂。生物酶的专一性，使其只能适用于特定的反应和底物。基于生产需求，应发展人工合成酶产业，丰富生物酶数据库，进一步提高新型生物酶催化剂的催化活性、立体选择性及普适性。

（2）简化人工合成酶催化体系构成

目前，生物酶催化体系构成复杂，在生产成本、操作程序等方面为生产实践带来了很多困难。酶催化体系除了反应所必需的生物酶之外，同时需要加入其他辅酶、葡萄糖、缓冲溶液等保证反应的顺利进行。精简催化反应体系构成，一方面可简化操作程序，另一方面可降低生产成本。因此，进一步简化人工合成酶催化体系是生物酶催化合成四氢异喹啉生物碱的必然趋势。

鉴于生物酶催化剂具有高度特异性和高效催化效能，通过生物酶催化过程实现四氢异喹啉生物碱的合成仍是今后研究的重点课题之一。

参考文献

[1] Breen, G. F. Enzymatic resolution of a secondary amine using novel acylating reagents. *Tetrahedron: Asymmetry*. **2004**, *15*, 1427.

[2] Blacker, A. J.; Stirling, M. J.; Page, M. I. Catalytic racemisation of chiral amines and application in dynamic kinetic resolution. *Org. Process Res. Dev.* **2007**, *11*: 642-648.

[3] Steffens, P.; Nagakura, N.; Zenk, M. H. Purification and characterization of the berberine bridge enzyme from berberis beaniana cell cultures. *Phytochemistry.* **1985**, *24*: 2577-2583.

[4] Winkler, A.; Łyskowski, A.; Riedl, S.; Puhl, M.; Kutchan, T. M.; Macheroux, P.; Gruber, K. A concerted mechanism for berberine bridge enzyme. *Nature Chem. Biol.* **2008**, *4*: 739-741.

[5] Schrittwieser, J. H.; Resch, V.; Sattler, J. H.; Lienhart, W.-D.; Durchschein, K.; Winkler, A.; Gruber, K.; Macheroux, P.; Kroutil, W. Biocatalytic enantioselective oxidative C-C coupling by aerobic C-H activation. *Angew. Chem. Int. Ed.* **2011**, *50*: 1068-1071.

[6] Schrittwieser, J. H.; Resch, V.; Wallner, S.; Lienhart, W.-D.; Sattler, J. H.; Resch, J.; Macheroux, P.; Kroutil, W. Biocatalytic organic synthesis of optically pure (S)-Scoulerine and berbine and benzylisoquinoline alkaloids. *J. Org. Chem.* **2011**, *76*: 6703-6714.

[7] Gandomkar, S.; Fischereder, E. M.; Schrittwieser, J. H.; Wallner, S.; Habibi, Z.; Macheroux, P.; Kroutil, W. Enantioselective oxidative aerobic dealkylation of N-ethyl benzylisoquinolines by employing the berberine bridge enzyme. *Angew. Chem. Int. Ed.* **2015**, *54*: 15051-15054.

[8] Ju, S. Qian, M.; Xu, G.; Yang, L.; Wu, J. Chemoenzymatic approach to (S)-1, 2, 3, 4-tetrahydroisoquinoline carboxylic acids employing D-amino acid oxidase. *Adv. Synth. Catal.* **2019**, *361*: 3191-3199.

[9] Pictet, A.; Spengler, T. Über die bildung von isochinolin-derivaten durch einwirkung von methylal auf phenyl-äthylamin, phenyl-alanin und tyrosin. *Ber. Dtsch. Chem. Ges.* **1991**, *44*: 2030-2036.

[10] Patil, M. D.; Grogan, G.; Yun, H. Biocatalyzed C-C bond formation for the production of alkaloids. *ChemCatChem.* **2018**, *10*: 4783-4804.

[11] (a) Stöckigt, J.; Zenk, M. H. Isovincoside (strictosidine), the key intermediate in the enzymatic formation of indole alkaloids. *FEBS Lett.* **1977**, *79*: 233-237. (b) Stöckigt, J.; Zenk, M. H. Strictosidine (isovincoside): the key intermediate in the biosynthesis of monoterpenoid indole alkaloids. *J. Chem. Soc. Chem. Commun.* **1977**, *18*: 646-648.

[12] Hampp, N.; Zenk, M. H. Homogeneous strictosidine synthase from cell suspension cultures of rauvolfia serpentine. *Phytochemistry.* **1988**, *27*: 3811-3815.

[13] Ma, X.; Panjikar, S.; Koepke, J.; Loris, E.; Stöckigt, J. The structure of rauvolfia serpentina strictosidine synthase is a novel six-bladed β-propeller fold in plant proteins. *Plant Cell.* **2006**, *18*: 907-920.

[14] Ghirga, F.; Quaglio, D.; Ghirga, P.; Berardozzi, S.; Zappia, G.; Botta, B.; Mori, M.; d'Acquarica, I. Occurrence of enantioselectivity in nature: the case of (S)-Norcoclaurine. *Chirality.* **2016**, *28*: 169-180.

[15] Samanani, L.; Facchini, P. J. Isolation and partial characterization of norcoclaurine synthase, the first committed step in benzylisoquinoline alkaloid biosynthesis, from opium poppy. *Planta.* **2001**, *213*: 898-906.

[16] Samanani, N, Facchini, P. J. Purification and characterization of norcoclaurine synthase: the first committed enzyme in benzylisoquinoline alkaloid biosynthesis in plants. *J. Biol. Chem.* **2002**, *277*: 33878-33883.

[17] Berkner, H.; Schweimer, K.; Matecko, I.; Rösch, P. Conformation, catalytic site, and enzymatic mechanism of the PR$_{10}$ allergen-related enzyme norcoclaurine synthase. *Biochem. J.* **2008**, *413*: 281-290.

[18] Bonamore, A.; Barba, M.; Botta, B.; Boffi, A.; Macone, A. Norcoclaurine synthase: mechanism of an enantioselective pictet-spengler catalyzing enzyme. *Molecules* **2010**, *15*: 2070-2078.

[19] Pasquo, A.; Bonamore, A.; Franceschini, S.; Macone, A.; Boffi, A.; Ilari, A. Cloning, Expression, crystallization and preliminary X-ray data analysis of norcoclaurine synthase from thalictrum flavum. *Acta. Crystallogr. Struct. Biol. Cryst. Commun.* **2008**, *64*: 281-283.

[20] Ilari, A.; Franceschini, S.; Bonamore, A.; Arenghi, F.; Botta, B.; Macone, A.; Pasquo, A.; Bellucci, L.; Boffi, A. Structural basis of enzymatic (S)-norcoclaurine biosynthesis. *J. Biol. Chem.* **2009**,

284: 897-904.

[21] Luk, L. Y. P.; Bunn, S.; Liscombe, D. K.; Facchini, P. J.; Tanner, M. E. Mechanistic studies on nor-coclaurine synthase of benzylisoquinoline alkaloid biosynthesis: an enzymatic Pictet-Spengler reaction. *Biochemistry*. **2007**, *46*: 10153-10161.

[22] (a) Pesnot, T.; Gershater, M. C.; Ward, J. M.; Hailes, H. C. The catalytic potential of coptis japonica NCS2 revealed-development and utilisation of a fluorescamine-based assay. *Adv. Syn. Catal.* **2012**, *354*: 2997-3008. (b) Lichman, B. R.; Gershater, M. C.; Lamming, E. D.; Pesnot, T.; Sula, A.; Keep, N. H.; Hailes, H. C.; Ward, J. M. 'Dopamine-first' mechanism enables the rational engineering of the norco-claurine synthase aldehyde activity profile. *FEBS J.* **2015**, *282*: 1137-1151.

[23] Lichman, B. R.; Sula, A.; Pesnot, T.; Hailes, H. C.; Ward, J. M.; Keep, N. H. Structural evidence for the dopamine first mechanism of norcoclaurine synthase. *Biochem.* **2017**, *56*: 5274-5277.

[24] Sheng, X.; Himo, F. Enzymatic Pictet-Spengler Reaction: computational study of the mechanism and enantios-electivity of norcoclaurine synthase. *J. Am. Chem. Soc.* **2019**, *141*: 11230-11238.

[25] Bonamore, A.; Rovardi, I.; Gasparrini, F.; Baiocco, P.; Barba, M.; Molinaro, C.; Botta, B.; Boffi, A.; Macone, A. An enzymatic, stereoselective synthesis of (S)-norcoclaurine. *Green Chem.* **2010**, *12*: 1623-1627.

[26] Ruff, B. M.; Bräse, S.; O'Connor, S. E. Biocatalytic production of tetrahydroisoquinolines. *Tetrahedron Lett.* **2012**, *53*: 1071-1074.

[27] Bonamore, A.; Calisti, L.; Calcaterra, A.; Ismail, O. H.; Gargano, M.; D'Acquarica, I.; Botta, B.; Boffi, A.; Macone, A. A novel enzymatic strategy for the synthesis of substituted tetrahydroisoquinolines. *ChemistrySelect.* **2016**, *1*: 1525-1528.

[28] Erdmann, V.; Lichman, B. R.; Zhao, J.; Simon, R. C.; Kroutil, W.; Ward, J. M.; Hailes, H. C.; Rother, D. Enzymatic and chemoenzymatic three-step cascades for the synthesis of stereochemically comple-mentary trisubstituted tetrahydroisoquinolines. *Angew. Chem. Int. Ed.* **2017**, *56*: 12503-12507.

[29] Lichman, B. R.; Zhao, J.; Hailes, H. C.; Ward, J. M. Enzyme Catalysed Pictet-Spengler formation of chiral 1, 1'-disubstituted- and spiro-tetrahydroisoquinolines. *Nature Commun.* **2017**, *8*: 14883-14891.

[30] Nishihachijo, M.; Hirai, Y.; Kawano, S.; Nishiyama, A.; Minami, H.; Katayama, T.; Yasohara, Y.; Sato, F.; Kumagai, H. Asymmetric synthesis of tetrahydroisoquinolines by enzymatic Pictet-Spengler reaction. *Biosci. Biotechnol. Biochem.* **2014**, *78*: 701-707.

[31] Maresh, J. J.; Crowe, S. O.; Ralko, A. A.; Aparece, M. D.; Murphy, C. M.; Krzeszowiec, M.; Mullowney, M. W. Facile one-pot synthesis of tetrahydroisoquinolines from amino acids via hypochlorite-media-ted decarboxylation and Pictet-Spengler condensation. *Tetrahedron Lett.* **2014**, *55*: 5047-5051.

[32] Lichman, B. R.; Lamming, E. D.; Pesnot, T.; Smith, J. M.; Hailes, H. C.; Ward, J. M. One-pot triangular chemoenzymatic cascades for the syntheses of chiral alkaloids from dopamine. *Green Chem.* **2015**, *17*: 852-855.

[33] R.; Gygli, R. G.; Sula, A.; Méndez-Sánchez, D.; Pleiss, J.; Ward, J. M.; Keep, N. H.; Hailes H. C. Acceptance and kinetic resolution of α-methyl-substituted aldehydes by norcoclaurine synthases. *ACS Catal.* **2019**, *9*: 9640-9649.

[34] Mangas-Sanchez, J.; France, S. P.; Montgomery, S. L.; Aleku, G. A.; Man, H.; Sharma, M.; Ramsden, J. I.; Grogan, G.; Turner, N. J. Imine reductases (IREDs). *Curr. Opin. Chem. Bio.* **2017**, *37*: 19-25.

[35] Leipold, F.; Hussain, S.; Ghislieri, D.; Turner, N. J. Asymmetric reduction of cyclic imines catalyzed by a whole-cell biocatalyst containing an (S)-imine reductase. *ChemCatChem.* **2013**, *5*: 3505-3508.

[36] Gamenara, D.; de María, P. D. Enantioselective imine reduction catalyzed by imine reductases and artificial

metalloenzymes. *Org. Biomol. Chem.* **2014**, *12*: 2989-2992.

[37] Mitsukura, K.; Suzuki, M.; Shinoda, S.; Kuramoto, T.; Yoshida, T.; Nagasawa, T. Purification and characterization of a novel (*R*)-imine reductase from *Streptomyces* sp. GF3587. *Biosci. Biotechnol. Biochem.* **2011**, *75*: 1778-1782.

[38] Aleku, G. A.; Man, H.; France, S. P.; Leipold, F.; Hussain, S.; Toca-Gonzalez, L.; Marchington, R.; Hart, S.; Turkenburg, J. P.; Grogan, G.; Turner, N. J. Stereoselectivity and structural character-ization of an imine reductase (IRED) from amycolatopsis orientalis. *ACS Catal.* **2016**, *6*: 3880-3889.

[39] Mitsukura, K.; Kuramoto, T.; Yoshida, T.; Kimoto, N.; Yamamoto, H.; Nagasawa, T. A NADPH-dependent (*S*)-imine reductase (SIR) from Streptomyces sp. GF3546 for asymmetric synthesis of optically ac-tive amines: purification, characterization, gene cloning, and expression. *Appl. Microbiol. Biotechnol.* **2013**, *97*: 8079-8086.

[40] Hussain, S.; Leipold, F.; Man, H.; Wells, E.; France, S. P.; Mulholland, K. R.; Grogan, G.; Turner, N. J. An (*R*)-imine reductase biocatalyst for the asymmetric reduction of cyclic imines. *Chem-CatChem.* **2015**, *7*: 579-583.

[41] Li, H.; Zhang, G. X.; Li, L. M.; Ou, Y. S.; Wang, M. Y.; Li, Ch. X.; Zheng, G. W.; Xu, J. H. A novel (*R*)-Imine reductase from paenibacillus lactis for asymmetric reduction of 3*H*-indoles. *ChemCatChem.* **2016**, *8*: 724-727.

[42] Zhu, J.; Tan, H.; Yang, L.; Dai, Z.; Zhu, L.; Ma, H.; Deng, Z.; Tian, Z.; Qu, X. Enantiose-lective synthesis of 1-aryl-substituted tetrahydroisoquinolines employing imine reductase. *ACS Catal.* **2017**, *7*: 7003-7007.

[43] Yang, L.; Zhu, J.; Sun, C.; Deng, Z.; Qu, X. Biosynthesis of plant tetrahydroisoquinoline alkaloids through an imine reductase route. *Chem. Sci.* **2020**, *11*: 364-371.

[44] Dürrenberger, M.; Heinisch, T.; Wilson, Y. M.; Rossel, T.; Nogueira, E.; Knörr, L.; Mutschler, A.; Kersten, K.; Zimbron, M. J.; Pierron, J.; Schirmer, T.; Ward, T. R. Artificial transfer hydrogenas-es for the enantioselective reduction of cyclic imines. *Angew. Chem., Int. Ed.* **2011**, *50*: 3026-3029.

[45] Schwizer, F.; Köhler, V.; Dürrenberger, M.; Knörr, L.; Ward, T. R. Genetic optimization of the cata-lytic efficiency of artificial imine reductases based on biotin-streptavidin technology. *ACS Catal.* **2013**, *3*: 1752-1755.

[46] Faber, K. Transformation of a recemate into a single stereoisomer. *Chem. Eur. J.* **2001**, *7*: 5004-5010.

[47] Kroutil, W.; Fischereder, E.-M.; Fuchs, C. S.; Lechner, H.; Mutti, F. G.; Pressnitz, D.; Rajago-pa-lan, A.; Sattler, J. H.; Simon, R. C.; Siirola, E. Asymmetric preparation of prim-, sec-, and tert-amines employing selected biocatalysts. *Org. Process Res. Dev.* **2013**, *17*: 751-759.

[48] (a) Beard, T. M.; Turner, N. J. Deracemisation and stereoinversion of α-amino acids using *D*-amino acid oxi-dase and hydride reducing agents. *Chem. Commun.* **2002**: 246-247. (b) Alexeeva, M.; Enright, A.; Daw-son, M. J.; Mahmoudian, M.; Turner, N. J. Deracemization of α-methylbenzylamine using an enzyme obtained by in vitro evolution. *Angew. Chem. Int. Ed.* **2002**: *41*: 3177-3180. (c) Roff, G. J.; Lloyd, R. C.; Turner, N. J. A versatile chemo-enzymatic route to enantiomerically pure β-branched α-amino acids. *J. Am. Chem. Soc.* **2004**, *126*: 4098-4099. (d) Dunsmore, C. J.; Carr, R.; Fleming, T.; Turner, N. J. A chemo-enzymatic route to enantiomerically pure cyclic tertiary amines. *J. Am. Chem. Soc.* **2006**, *128*: 2224-2225. (e) Koszelewski, D.; Pressnitz, D.; Clay, D.; Kroutil, W. Deracemization of mexiletine biocatalyzed by ω-transaminases. *Org. Lett.* **2009**, *11*: 4810-4812. (f) Chen, Y.; Goldberg, S. L.; Hanson, R. L. Parker, W. L.; Gill, I.; Tully, T. P.; Montana, M. A.; Goswami, A.; Patel, R. N. Enzymatic prepa-ration of an (*S*)-amino acid from a racemic amino acid. *Org. Process Res. Dev.* **2011**, *15*: 241-248. (g) Seo, Y.-M.; Mathew, S.; Bea, H.-S.; Khang, Y.-H.; Lee, S.-H.; Kim, B.-G.; Yun, H. Deracemization

of unnatural amino acid: homoalanine using D-amino acid oxidase and ω-transaminase. *Org. Biomol. Chem.* **2012**, *10*: 2482-2485. (h) Yasukawa, K.; Nakano, S.; Asano, Y. tailoring D-amino acid oxidase from the pig kidney to *R*-stereoselective amine oxidase and its use in the deracemization of a-methylbenzylamine. *Angew. Chem. Int. Ed.* **2014**, *53*: 4428-4431. (i) Heath, R. S.; Pontini, M.; Hussain, S.; Turner, N. J. Combined imine reductase and amine oxidase catalyzed deracemization of nitrogen heterocycles. *ChemCatChem.* **2016**, *8*: 117-120.

[49] Carr, R.; Alexeeva, M.; Dawson, M. J.; Gotor-Fernandez, V.; Humphrey, C. E.; Turner, N. J. Directed evolution of an amine oxidase for the preparative deracemisation of cyclic secondary amines. *ChemBioChem.* **2005**, *6*: 637-639.

[50] Bailey, K. R.; Ellis, A. J.; Reiss, R.; Snape, T. J.; Turner, N. J. A template-based mnemonic for monoamine oxidase (MAO-N) catalyzed reactions and its application to the chemo-enzymatic deracemisation of the alkaloid (＋/－)-Crispine A. *Chem. Commun.* **2007**, 3640-3642.

[51] Foulkes, J. M.; Malone, K. J.; Coker, V. S.; Turner, N. J.; Lloyd, J. R. Engineering a biometallic whole cell catalyst for enantioselective deracemization reactions. *ACS Catal.* **2011**, *1*: 1589-1594.

[52] Ghislieri, D.; Green, A. P.; Pontini, M.; Willies, S. C.; Rowles, I.; Frank, A.; Grogan, G.; Turner, N. J. Engineering an enantioselective amine oxidase for the synthesis of pharmaceutical building blocks and alkaloid natural products. *J. Am. Chem. Soc.* **2013**, *135*: 10863-10869.

[53] Köhler, V.; Wilson, Y. M.; Dürrenberger, M.; Ghislieri, D.; Churakova, E.; Quinto, T.; Knörr, L.; Häussinger, D.; Hollmann, F.; Turner, N. J.; Ward, T. R. Synthetic cascades are enabled by combining biocatalysts with artificial metalloenzymes. *Nat. Chem.* **2013**, *5*: 93-99.

[54] Schrittwieser, J. H.; Groenendaal, B.; Resch, V.; Ghislieri, D.; Wallner, S.; Fischereder, E.-M; Fuchs, E.; Grischek, B.; Sattler, J. H.; Macheroux, P.; Turner, N. J.; Kroutil, W. Deracemization by simultaneous bio-oxidative kinetic resolution and stereoinversion. *Angew. Chem. Int. Ed.* **2014**, *53*: 3731-3734.

[55] Ju, S.; Qian, M.; Li, J.; Xu, G.; Yang, L.; Wu, J. A Biocatalytic redox cascade approach for one-pot deracemization of carboxyl-substituted tetrahydroisoquinolines by stereoinversion. *Green Chem.* **2019**, *21*: 5579-5585.

本章英文缩写对照表

英文缩写	英文名称	中文名称
AdoMet	(*S*)-adenosylmethionine	(*S*)-腺苷甲硫氨酸
Ala	alanine	丙氨酸
Asp	aspartic acid	天冬氨酸
Ao	amycolatopsis orientalis	东方拟无枝酸菌
ATHase	artificial transfer hydrogenases	人工转氢酶
BSA	bovine serum albumin	牛血清白蛋白
CD	circular dichroism	圆二色光谱
Cj	*coptis japonica*	日本黄连
CNMT	coclaurine *N*-methyltransferase	乌药碱 *N*-甲基转化酶
CRL	candida rugosa lipase	皱褶假丝酵母脂肪酶
Cv	chromobacterium violaceum	紫色素杆菌
DAAO	*D*-amino acid oxidase	*D*-氨基酸氧化酶
DC(DCase)	decarboxylase	脱羧酶
L-DOPA	*L*-dihydroxyphenylalanine	左旋多巴

英文缩写	英文名称	中文名称
EcAHAS-I	acetohydroxy acid synthase I	乙酰羟基酸合酶 I
FAD	flavin adenine dinucleotide	黄素腺嘌呤二核苷酸
Glu	glutamic acid	谷氨酸
GDH	glucose dehydrogenase	葡萄糖脱氢酶
HEPES	2-[4-(2-hydroxyethyl)piperazin-1-yl]ethanesulfonic acid	4-羟乙基哌嗪乙磺酸
His	histidine	组氨酸
4-HPAA	4-hydroxyphenylacetaldehyde	4-羟基苯乙醛
IREDs	imine reductase	亚胺还原酶
Km	Michaelis-constant	米氏常数
LCAO	lathyrus cicera diamine oxidase	山黧豆二胺氧化酶
Lys	lysine	赖氨酸
MAO	monoamine oxidase	单胺氧化酶
MOPS	3-morpholinopropanesulfonic acid	3-吗啉丙磺酸
MT	methyltransferase	甲基转移酶
Phe	phenylalanine	苯丙氨酸
Rs	rauvolfia serpentina	蛇纹草
SAM	S-adenosyl methionin	S-腺苷甲硫氨酸
Sav	streptavidin	链霉亲和素
Ser	serine	丝氨酸
STR	strictosidine synthase	异胡豆苷合酶
Tf	*thalictrum flavum*	黄唐松草
Tris-HCl	tris(hydroxymethyl)aminomethane	三(羟甲基)氨基甲烷-盐酸
Tyr	tyrosine	酪氨酸

[4] 手性四氢异喹啉生物碱在药物化学中的应用

手性四氢异喹啉生物碱由于其结构的特殊性，通常具有丰富的生物活性及药物活性，被广泛地应用于药物化学及临床医学等领域。手性四氢异喹啉生物碱在抗肿瘤、抗炎、抗惊厥、抗癫痫及中枢神经系统作用等方面具有显著的生物活性。虽然大多数四氢异喹啉生物碱的应用仍处于临床试验阶段，但其潜在的生物活性使其研究具有重要的研究价值。目前，四氢异喹啉生物碱的研究在临床医学上已经取得了重要研究成果。其中，索非那新和地卓西平等药物已成功上市，并用于膀胱过度活动症和中枢神经系统类疾病的治疗。

4.1 索非那新及其化学合成

4.1.1 索非那新化学结构

索非那新 {(＋)-Solifenacin,(3R)-1-氮杂双环[2.2.2]辛烷-8-基-(1S)-1-苯基-3,4-二氢-1H-异喹啉-2-甲酸酯}，其化学结构如图 4-1 所示。索非那新是一种具有两个手性中心和一个氮杂桥环骨架的 C-1 位取代四氢异喹啉化合物。

4.1.2 索非那新生理活性

索非那新是一种新型竞争性毒蕈碱受体（Muscarinic re-ceptor，M 受体）拮抗剂。毒蕈碱受体在几种主要的胆碱介导功能中起重要作用，包括膀胱平滑肌收缩和唾液分泌刺激。索

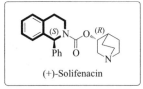

图 4-1　索非那新化学结构

非那新对 M3、M1 和 M2 三种亚型毒蕈碱受体具有较高亲和力。而膀胱内 80％的毒蕈碱受体为 M2，20％为 M3。索非那新是一种高选择性的肌肉 M3 受体阻滞剂，通过松弛膀胱肌肉，阻止在膀胱活动过度症治疗中出现的尿急尿频症状，其选择性高，副作用少。目前，索非那新琥珀酸盐作为一种抗痉挛药，主要用于治疗以尿失禁、尿急、尿频为临床特征的膀胱过度活动症（Overactive bladder，OAB）。据统计，在我国福州地区，约有 8％的女性患有膀胱过度活动症，据此推测我国至少有 1 亿人受该病困扰。

2004 年起，索非那新琥珀酸盐开始用于膀胱过度活动症的临床试验。2004 年 11 月

19 日，索非那新获得美国食品药物管理局批准。2005 年 1 月 19 日，由 Astellas 制药公司开发的新型治疗尿频、尿失禁的药物"索非那新"在获 FDA 批准后在美国上市，其商品名为"Vesicare™"。Astellas 制药公司所售的索非那新（口服）产品规格主要为 5mg，一日一次。

索非那新自上市以来，就获得了全球医药市场的广泛关注。据估计，到 2018 年，全球约有 5.46 亿人受膀胱过度活动症影响。索非那新的市场需求也呈逐年上升趋势。2017年，索非那新在全球的销售额高达 10.4 亿美元；而 2019 年，仅 Astellas 制药公司所售 Vesicare™ 销售额已达 4.4 亿美元，其年增长率为 15.3%，并连续多年进入全美药物销售额排行榜前 100 位。索非那新在中国市场内同样占据重要地位。据中国报告网报道，2017 年索非那新（或索利那新）在公立医院销售规模为 7000 万元，其主要供应商为 Astellas 制药。在未来几年内，索非那新的需求量仍会高居不下，且供应商以 Astellas 制药公司为主。因此，发展一些原料易得、操作简单且具有高度原子经济性的合成策略，仍具有重要研究价值和现实意义。

4.1.3　索非那新的化学合成

目前，通过化学策略实现索非那新的对映选择性合成是获得索非那新化合物的最主要策略。无论是工业生产中的合成，还是实验室中的基础研究，索非那新的化学合成主要是通过化学合成的手段实现的。在实验室基础研究中，通常是微小型反应的研究，以探索反应条件为主；而在工业生产中，则由于市场需求量大，通常需要进行大规模生产。

4.1.3.1　工业合成

根据调研，索非那新市场需求量大，通常需要进行大规模的生产。因此，在工业合成中，往往要考虑到方法学的可行性以及生产成本等问题。从方法学角度来说，合成的方法学需要具有一定的稳定性和可行性。如在一定范围内的温度、压力、投料比等条件下，反应具有较好的稳定性，小范围内反应条件的波动不会对反应收率或产物的对映选择性等产生明显影响。而高温、高压、强酸、强碱等条件，通常会对设备造成一定的损害，往往不具有可行性。因此，需要选择一些条件较为温和的反应去实现其不对称合成；从生产成本角度来看，一方面要选择价格低廉、容易获取的材料作为原料，另一方面所选择的合成方法，应该是反应步骤少且具有优异的反应活性的化学合成策略，不宜选用涉及价格昂贵的催化剂。索非那新合成的关键在于(S)-1-苯基-1,2,3,4-四氢异喹啉的手性合成。而经典化学拆分目前仍是工业生产中获得光学纯活性化合物的最主要合成策略。

从索非那新的化学结构特征来看，它包含两个特征结构片段，一是四氢异喹啉骨架结构，二是奎宁醇片段，而二者之间则通过酰基相连。因此，根据索非那新的官能团类型及结构特征，对其化学合成进行简要的逆合成分析，主要通过两种策略实现（图 4-2）。第一种策略是：首先从酯基断裂，索非那新可以通过(S)-1-苯基-1,2,3,4-四氢异喹啉-2-羧酸酯(S)-Ⅰ与(R)-奎宁醇的酯交换反应实现；其中，(R)-奎宁醇则可通过 3-奎宁醇的经典化学拆分获得；(S)-Ⅰ可通过(S)-1-苯基-1,2,3,4-四氢异喹啉的酰基化反应得到；而手性四氢异喹啉可通过其外消旋体混合物的经典化学拆分进一步获得；1-苯基-1,2,3,4-四氢异喹啉外消旋体的合成则通过两种策略实现，一是通过 2-苯基乙胺与苯甲醛的 Pictet-Spengler 环化反应实现；二是通过 2-苯基乙胺与苯甲酰氯的酰基化-Bischler-Napieralski 环化串联反应实现。

第二种策略是：先从酰胺基团断裂，通过(S)-1-苯基-1,2,3,4-四氢异喹啉与(R)-氯甲酸奎宁酯的酯交换反应得到索非那新；而(R)-氯甲酸奎宁酯则通过 3-奎宁醇的经典化学拆分和酰基化反应得到。

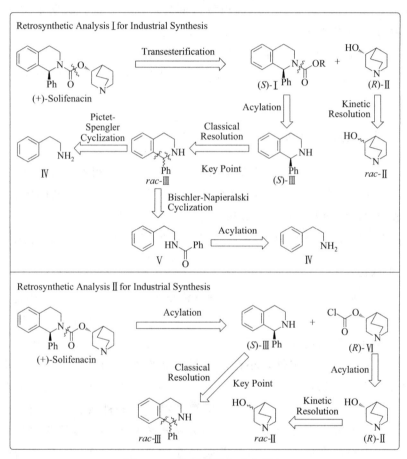

图 4-2　索非那新逆合成分析 Ⅰ

在工业生产中，合成索非那新最关键的步骤就是(S)-1-苯基四氢异喹啉的高对应选择性合成。目前主要通过手性拆分试剂拆分分离获得，即经典化学拆分。所用拆分试剂为手性酸，如手性酒石酸、扁桃酸及其衍生物等。索非那新的合成一般从 2-苯基乙胺出发，在碱性条件下发生酰基化反应得到酰胺中间体 (图 4-3)。随后，采用三氯氧磷脱水，通过分子内 Bischler-Napieralski 环化反应关环，得到潜手性 1-苯基-3,4-二氢异喹啉。并在硼氢化钠作用下，还原为外消旋体混合物。而外消旋体混合物可在手性拆分试剂（一般为手性酸）作用下，通过经典化学拆分分离，以 50% 的最高理论收率得到单一的对映异构体。接着在碱性条件下，经酸碱中和反应脱除拆分试剂，成功实现(S)-1-苯基四氢异喹啉的手性合成。而拆分所剩的(R)-1-苯基四氢异喹啉化合物则可通过消旋化反应将其转化为外消旋体混合物，从而实现循环利用，使其理论收率可达100%。获得(S)-1-苯基四氢异喹啉后，再通过酰基化、酯交换及成盐三步反应，最终实现索非那新琥珀酸盐的合成。

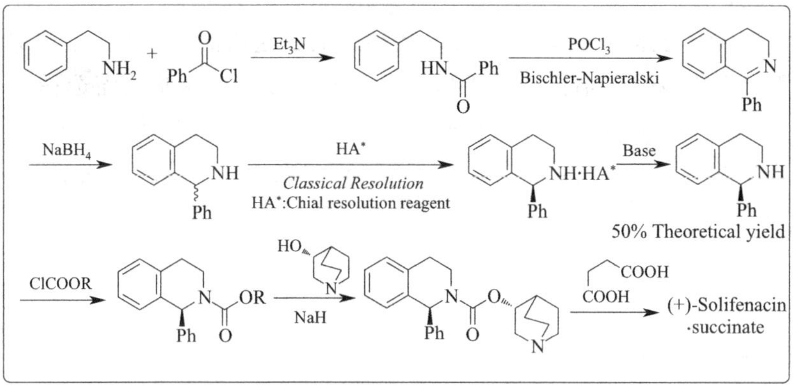

图 4-3　索非那新琥珀酸盐通用合成策略

2005年，Naito课题组通过化学拆分策略，首次实现了索非那新的对映选择性合成(图4-4)[1]。通过采用D-酒石酸作为手性拆分试剂，将1-苯基-1,2,3,4-四氢异喹啉外消旋体混合物进行成盐，由于对映异构体的成盐速率不同，使一对对映异构体实现有效分离，从而得到对映纯的(S)-1-苯基-1,2,3,4-四氢异喹啉化合物。随后，可通过两种不同的策略实现索非那新的手性合成。一种策略是从(S)-1-苯基-1,2,3,4-四氢异喹啉出发，首先与氯甲酸酯在碱性条件下发生酰基化反应，并以当量的收率得到手性酰胺中间体；然后，在氢化钠作用下，与(R)-奎宁醇进一步发生酯交换反应，以89%的收率得到对映纯索非那新。由于酯交换反应为可逆反应，因此在酯交换过程中，需采用分水器将反应中产生的水分离，以驱动反应向正反应方向进行。另一种策略是(S)-1-苯基-1,2,3,4-四氢异

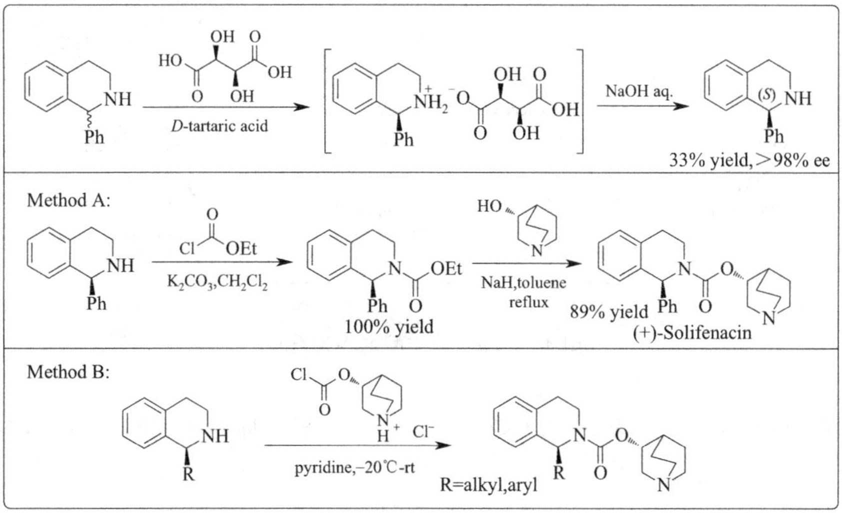

图 4-4　经典化学拆分策略合成索非那新

喹啉在吡啶作用下，直接与(R)-氯甲酸-奎宁酯发生酰基化反应，通过一步反应得到产物。作者以外消旋体混合物为原料，进一步考察了底物的适用范围，对于不同 C-1 位取代底物可以取得中等到优异的收率。

此外，作者对不同取代基、不同构型四氢异喹啉化合物的抗毒蕈碱活性进行了系统的研究。研究发现，奎宁-3-基-1-芳基-1,2,3,4-四氢异喹啉-2-羧酸衍生物对 M3 受体具有高度亲和力，且对 M3 受体的选择性高于 M2 受体。而在这些衍生物中，索非那新对膀胱收缩的抑制作用与毒蕈碱受体拮抗剂羟丁酸几乎相同，并且对膀胱收缩选择性是唾液分泌 10 倍以上。因此，索非那新可用于治疗膀胱过度活动、口干等症状，且无副作用的。

(R)-奎宁醇的高活性、高对映选择性合成同样是实现索非那新合成的关键因素之一。(R)-奎宁醇的手性合成策略有很多，这里仅作简要介绍，目前主要通过以下几种方法实现（图 4-5）。

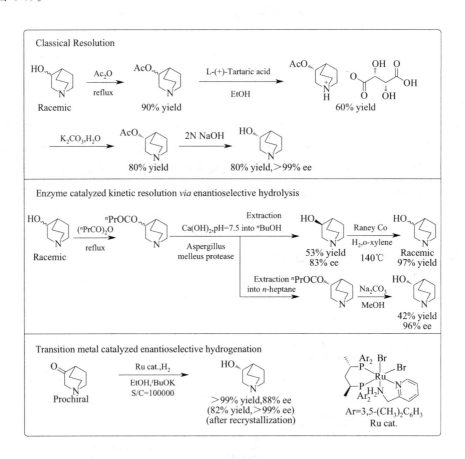

图 4-5 （R）-奎宁醇的手性合成

（1）通过经典化学拆分实现(R)-奎宁醇的手性合成，即与手性酸，如 L-酒石酸、D-樟脑磺酸（CSA）等通过形成非对映异构体进行拆分；该策略通常收率低，或需要进行反复的重结晶操作。

早在 1992 年，Langlois 课题组通过经典化学拆分，从外消旋体混合物奎宁醇出发，实现了(R)-奎宁醇的高对映选择性合成[2]。作者首先通过酰基化反应，对醇羟基进行保护。随后，采用 L-酒石酸作为手性拆分试剂，对乙酸奎宁酯外消旋体混合物通过酸碱反应成盐，即形成非对映异构体进行手性拆分。接着在碳酸钾作用下，去除手性拆分试剂，并以 60%的分离收率得到(R)-乙酸奎宁酯。最后，在强碱性条件下酯基水解，得到游离羟基，并以 17%的总收率实现(R)-奎宁醇的手性合成。

(2) 酶催化(R)-正丙酸奎宁酯的水解动力学拆分或酶催化奎宁醇的酰基化动力学拆分反应等；酶催化反应虽然具有优异的对映选择性，但反应往往受条件限制，如特定的反应温度、浓度、pH 条件等，使其反应活性及反应效率较低，并且酶的获取也不容易。

2003 年，Nomoto & Ikunaka 课题组报道了黑曲霉蛋白酶催化乙酸奎宁酯的水解动力学拆分反应[3]。作者从奎宁醇外消旋体混合物出发，通过与正丙酸酐反应，将羟基转化为酯基。随后，在黑曲霉蛋白酶催化下，发生水解动力学拆分反应，以 53%的收率及 83%的 ee 值得到(S)-奎宁醇，并得到(R)-正丙酸奎宁酯。(R)-正丙酸奎宁酯经酯基水解，最终以 42%的收率及 96%的 ee 实现(R)-奎宁醇的高对映选择性合成。为实现手性资源的高效利用，作者探索了(S)-奎宁醇的消旋化反应。研究发现，采用 Raney 钴作为催化剂，可通过氧化-还原反应，在高温条件下实现其消旋化过程，并以 97%收率得到奎宁醇外消旋体混合物。首先，(S)-奎宁醇在高温条件下原位氧化为奎宁酮，随后在 Raney 钴/氢气作用下又还原为奎宁醇。该反应效率高，可在半小时内实现消旋化过程。

(3) 通过过渡金属铑或钌催化奎宁酮的不对称氢化反应，实现(R)-奎宁醇的手性合成。

2009 年，日本的 Ohkuma 课题组采用过渡金属钌为催化剂，手性双膦及胺基吡啶为配体，在强碱性条件下，通过奎宁酮的不对称氢化，以大于 99%的收率及 88%的 ee 值得到(R)-奎宁醇[4]。所得产物可通过重结晶，进一步得到对映纯的(R)-奎宁醇（大于 99%的 ee 值）。

上述三种策略，均可以实现(R)-奎宁醇的高对映选择性合成，但在工业生产中同样存在着很多问题。使用手性酸作为拆分试剂，通过经典化学拆分实现(R)-奎宁醇时，其反应活性与反应效率均较低，不适宜大批量的生产；采用酶催化动力学拆分实现(R)-奎宁醇合成，虽然可以获得高对映选择性，但其需要特定的反应条件，并且酶的分离与合成难度较大；而通过过渡金属催化奎宁酮的不对称氢化反应来获得(R)-奎宁醇的策略中，反应中通常采用过渡金属作为催化剂，手性双膦化合物作为配体。一方面，催化剂用量大，且不易回收；另一方面，所使用的过渡金属催化剂价格昂贵，且同时会给环境带来污染。因此，这些方法在工业生产中仍存在较多问题。

2014 年，Sanasi 课题组从(S)-1-苯基-1,2,3,4-四氢异喹啉化合物出发，将其与氯甲酸乙酯反应，得到相应的酰基化产物（图 4-6）[5]。随后直接采用奎宁醇外消旋体混合物作为原料，在氢化钠作用下，通过酯交换反应，以 81.49%的收率得到索非那新及其非对映异构体的混合物，其比例约为 1:1。与此同时，有部分酯基脱除产物，即(S)-1-苯基-1,2,3,4-四氢异喹啉生成，可经回收再利用。而索非那新及其非对映异构体混合物则在琥珀酸作用下，可通过成盐反应，并经重结晶进一步分离，以 56.55%的收率及 99.94%的对映选择性得到可直接商用的索非那新琥珀酸盐，其气相色谱纯度可达 99.94％。最终，可以以 23.17％的收率得到索非那新琥珀酸盐。在该策略中，成功地避免了奎宁醇外消旋体混合物的进一步拆分，使反应的收率得到明显提升。

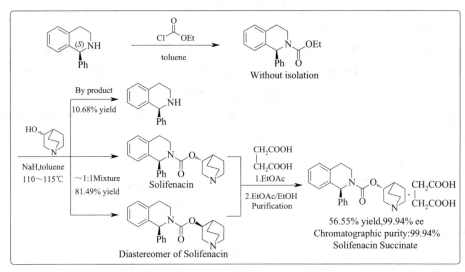

图 4-6 非对映异构体结晶拆分合成索非那新

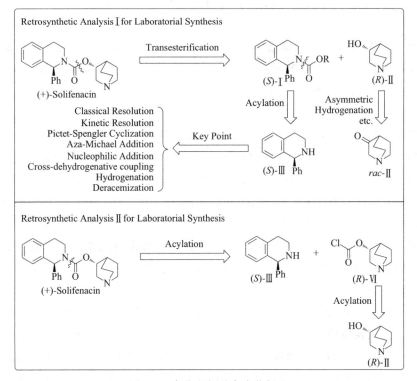

图 4-7 索非那新逆合成分析 Ⅱ

4.1.3.2 实验室合成

索非那新琥珀酸盐作为一种已上市近十五年的药物,其不对称合成工作仍在不断的研究探索中,发展一种便捷、高效、高效益的合成策略仍具有重要意义和研究价值。目前,仍有多个课题组探索将其所发展的方法学用于索非那新的合成中,进一步丰富相关的方法学研究。

从索非那新的化学结构出发,与之前所述工业合成类似,其逆合成分析结果如图 4-7 所示。根据逆合成分析,若从酯基取代基进行断裂,则可通过 (S)-1-苯基-N-酯基-1,2,3,4-四氢异喹啉 (S)-Ⅰ 和 (R)-奎宁醇的酯交换反应得到。(R)-奎宁醇的手性合成可通过奎宁酮的不对称氢化反应得到;(S)-Ⅰ 则通过 (S)-1-苯基-1,2,3,4-四氢异喹啉 (S)-Ⅲ 的酰基化反应获得。(S)-Ⅲ 的高对映选择性合成是实现索非那新的不对称合成的关键所在。这一部分工作,我们在本书的第二章作了详细介绍,主要包括经典拆分、动力学拆分、Pictet-Spengler 环化、氮杂迈克尔加成、亲核加成、脱氢偶联、氢化、去外消旋化等不对称合成策略。根据逆合成分析,若从酰胺基团进行断裂,则索非那新可通过 (S)-Ⅲ 与 (R)-氯甲酸奎宁酯 (R)-Ⅳ 反应得到。而 (R)-Ⅳ 则通过 (R)-奎宁醇的酰基化反应获得。

根据文献报道,已有多个课题组报道了不同策略实现索非那新的不对称合成。2010年,Seto 课题组报道了原位手性芳基锌试剂对 3,4-二氢异喹啉氮氧化物的不对称亲核加成反应,并以 92% 的收率、98% 的对映选择性得到 (S)-1-苯基-2-羟基-1,2,3,4-四氢异喹啉 (图 4-8)[6]。随后,在锌、醋酸铜作用下,羟胺还原为 1-苯基-1,2,3,4-四氢异喹啉,并在氮原子上引入酰基,两步反应收率为 90%。最后,在氢化钠作用下,拔除 (R)-奎宁醇羟基质子,经酯交换反应,最终可以 74% 的收率得到索非那新 [(+)-Solifenacin]。

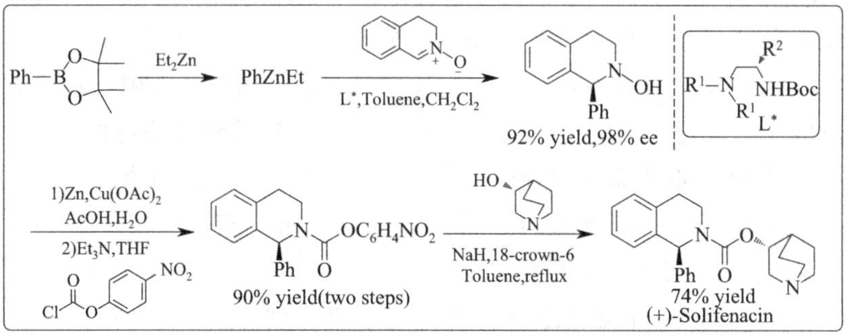

图 4-8　基于手性锌的不对称亲核加成策略合成 (+)-Solifenacin

2011年,Mathad 课题组通过有效的一锅法策略,成功地实现了索非那新的高活性及高对映选择性合成 (图 4-9)。作者采用高活性的双 (对硝基苯基) 碳酸酐作为羰基源,根据反应中加入顺序的不同,提出了两种不同合成方案[7]。方案 A 是先将 (R)-奎宁醇与碳酸酐反应,通过酯交换反应,形成高活性的碳酸酐中间体。由于所形成的中间体不稳定,遂使其直接与 (S)-1-苯基-1,2,3,4-四氢异喹啉反应,以 90% 的收率得到索非那新。随后直接与琥珀酸反应成盐,以 72% 的收率、99.9% 的 ee 及 99.94% 的纯度得到索非那新琥珀酸盐。方案 B 是先通过 (S)-1-苯基-1,2,3,4-四氢异喹啉与双 (对硝基苯基) 碳酸酐反应，以83.6％的收率得到酰基化中间体产物。随后，在强碱氢化钠作用下，通过酯交换反应，以40％的收率得到索非那新。

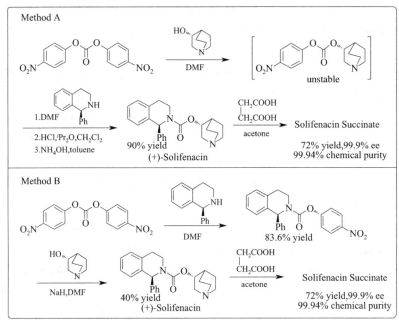

图4-9　基于底物活化策略合成（＋）-Solifenacin

　　对比两种不同方案，很显然方案A较方案B具有明显的优势，主要体现在以下几个方面：①方案B合成索非那新，需通过两步反应，以低于40％的总收率得到索非那新，而方案A可通过一锅法实现索非那新的合成，其反应收率为90％，远远高于方案A；②在方案B中需使用氢化钠作为强碱，并且反应需在高温条件下进行，而方案A在常温条件下即可实现；③方案B所涉及反应，生成索非那新的同时，有副产物生成；④方案B所得索非那新的对映体纯度较低，需通过进一步的重结晶得到对映纯的产物。综上所述，采用方案A合成策略为索非那新的合成提供了一条简便且高效的途径。

　　2013年，周永贵研究员课题组通过苄溴活化异喹啉，实现了$[Ir(COD)Cl]_2/(S,S,R_{ax})$-C3*-TunePhos催化1-苯基异喹啉苄溴盐的不对称氢化反应，以99％的收率、93％的ee值得到(S)-1-苯基-N-苄基-1,2,3,4-四氢异喹啉（图4-10）[8]。经钯碳催化脱除苄基活化基团，合成(S)-1-苯基-1,2,3,4-四氢异喹啉。随后与原甲酸三乙酯发生酰基化反应，得到酰胺中间体，并在氢化钠作用下，与(R)-奎宁醇发生酯交换反应，实现索非那新的高对映选择性合成。

　　在过去十年，手性硫-烯烃配体作为一种新型的杂交配体，在不对称催化领域出现。上海药物研究所徐明华研究员课题组报道了一系列简单且易合成的手性亚磺酰胺-烯烃配体，并成功地应用于过渡金属铑催化醛、酮及环状磺酰亚胺的不对称加成反应。2017年，徐明华课题组通过对手性亚磺酰胺-烯烃配体结构进行改进，成功实现了过渡金属铑催化链状磺酰亚胺的不对称芳基化反应，以最高99％的对映选择性得到手性二芳基甲磺酰胺（图4-11）[9]。采用硅醚保护的链状磺酰亚胺为原料，通过过渡金属铑催化不对称硼酸酯

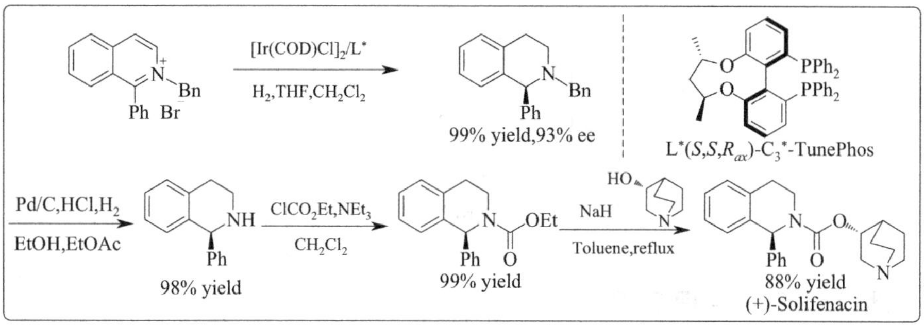

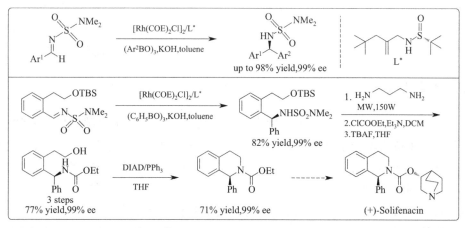

图 4-10　基于不对称氢化策略合成（＋）-Solifenacin

加成反应，以 82％的收率和 99％的 ee 值得到手性二芳基甲磺酰胺。随后在微波作用下，磺酰胺水解为二芳基甲胺，再经胺基的酰基化反应及硅醚保护基脱除，以 77％的收率和 99％的对映选择性得到手性酰胺中间体。而手性酰胺中间体则在偶氮二甲酸二异丙酯和三苯基膦作用下，通过分子内的 Mitsunobu 反应发生关环，构建四氢异喹啉骨架，实现 N-酰基-1-苯基-1,2,3,4-四氢异喹啉化合物的手性合成。最后根据上述已知文献，实现索非那新的对映选择性合成。

图 4-11　基于不对称硼酸酯加成策略合成（＋）-Solifenacin

4.2　地卓西平及其化学合成

4.2.1　地卓西平的化学结构

　　（＋）-MK-801{(5R,10S)-（＋）-5-甲基-10,11-二氢-5H-二苯并[a,d]环庚烯-5,10-亚胺氢化马来酸盐}，又称地卓西平或地佐环平（Dizocilpine），是一种含桥头季碳手性中心的多环异喹啉骨架化合物，其化学结构式如图 4-12 所示。（＋）-MK-801 是一种含有两个手性中心，且其中一个为桥头季碳手性中心的桥环骨架化合物，其市售价格约为 55 元/毫克。

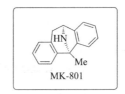

图 4-12　地卓西平化学结构式

4.2.2　地卓西平的生理活性

地卓西平马来酸盐是一种有效的高选择性的非竞争性 NMDA 受体拮抗剂，它作为一种中枢神经系统药物，具有麻醉、抗惊厥和抗癫痫等作用，同时也是一种精神类药物。NMDA 受体，即为 N-甲基-D-天冬氨酸受体，是离子型谷氨酸受体的一个亚型，主要分布在哺乳动物的中枢神经系统。它在神经系统发育过程中发挥重要的生理作用，如调节神经元的存活，树突、轴突结构发育，参与突触形成等，对神经元回路的形成起着关键的作用，是学习和记忆过程中一类至关重要的受体。NMDA 受体是一种独特的双重门控通道，当 Mg^{2+} 通道移开时，谷氨酸与 NMDA 受体结合，可使 Ca^{2+} 通道打开。MK-801 作为一种非竞争性特异性拮抗 NMDA 受体拮抗剂，可减少谷氨酸的毒性。通过大鼠实验发现，MK-801 可以持续抑制由 NMDA 诱导的电流，且即使长时间使用 MK-801，镁离子（mM）也可防止 MK-801 阻断 NMDA 诱导电流。此外，也能减轻甲基苯丙胺对大鼠纹状体小胶质细胞活化的影响。

4.2.3　地卓西平的化学合成

（＋）-MK-801 是一种含有两个手性中心，且其中一个为桥头季碳手性中心的桥环骨架化合物。由于桥头季碳手性中心的存在，使得（＋）-MK-801 的不对称合成难度增大。实现（＋）-MK-801 的高对映选择性合成的关键在于：①七元环的构建；②桥环骨架构建；③桥头碳的手性控制。

截至目前，MK-801 外消旋体混合物的合成主要有三种策略（图 4-13）。①以 1-甲基异喹啉为起始原料，通过异喹啉化合物的 Reissert 类型反应实现；②以 5-二苯并环庚酮为起始原料，实现 MK-801 外消旋体混合物的合成；③Alami 课题组报道的基于多组分 Barbier 类型反应实现 MK-801 外消旋体混合物的合成[10]。

4.2.3.1　基于异喹啉底物合成 MK-801

基于异喹啉底物合成 MK-801 策略，通常是指从异喹啉底物出发，经环化反应构建七元环状骨架，最终实现 MK-801 的合成。

1996 年，Ivy Carroll 课题组采用 1-甲基-4-羟基异喹啉为原料，经四步化学反应，以最高 50.9% 的收率成功实现了 MK-801 的合成（图 4-14）[11]。首先，通过 1-甲基-4-羟基异喹啉与苄溴反应，破坏异喹啉骨架的稳定性，生成高活性亚胺盐中间体。随后，在碱性条件下，1-甲基-4-羟基异喹啉苄溴盐与原位生成的苯炔中间体发生环化反应，实现七元环状骨架的构建，其反应收率为 74%。其反应过程如下：2-三甲硅基苯基三氟甲烷磺酸酯

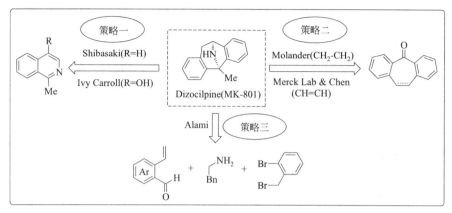

图 4-13　MK-801 的合成策略

在氟化铯作用下，原位生成苯炔中间体；而 1-甲基-4-羟基异喹啉苄溴盐则在碱性条件下
拔除质子，经酮式-烯醇式互变异构，形成 1，3-偶极子；最后，通过 1,3-偶极子与苯炔中
间体的［3＋2］环加成反应实现桥环骨架构建。

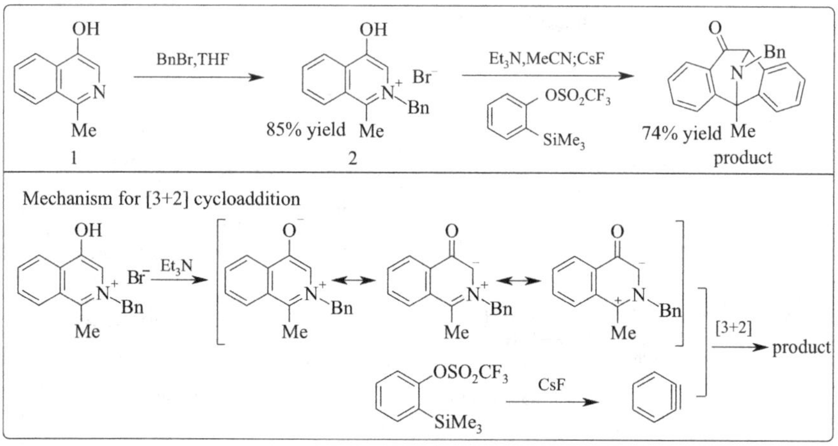

图 4-14　［3＋2］环加成反应实现桥环构架构建

在完成桥环骨架的构建后，分别经三条不同途径，实现 MK-801 外消旋体混合物的合成
（图 4-15）。途径一：桥环骨架化合物Ⅰ经钯碳催化还原羰基为羟基，同时脱除苄基基团；随
后，在氢碘酸和红磷作用下，将羟基还原为亚甲基，经四步反应 48.7％总收率得到 MK-
801。途径二：化合物Ⅰ首先在乙二硫醇作用下，与羰基反应形成缩硫酮，再经二镍化硼和氢
气还原，最终将羰基转化为亚甲基。最后，经钯碳催化还原脱除苄基，以五步反应 21.4％
的总收率得到 MK-801；途径三：化合物Ⅰ直接在氢碘酸和红磷作用下，还原羰基为亚甲基，
与此同时，反应中含有部分脱除苄基产物，即 MK-801 生成。其中，化合物Ⅲ和 MK-801 的
比例为 1∶1，收率为 89％。最终可以四步反应 50.9％的总收率得到 MK-801。

2001 年，Shibasaki 课题组报道了手性双功能铝催化异喹啉化合物的 Reissert 类型反
应，实现了 C-1 位季碳取代四氢异喹啉的高对映选择性合成（图 4-16）。通过手性双功能
铝催化策略，首次实现了（＋）-MK-801 的高对映选择性合成[12]。在手性铝催化剂作用

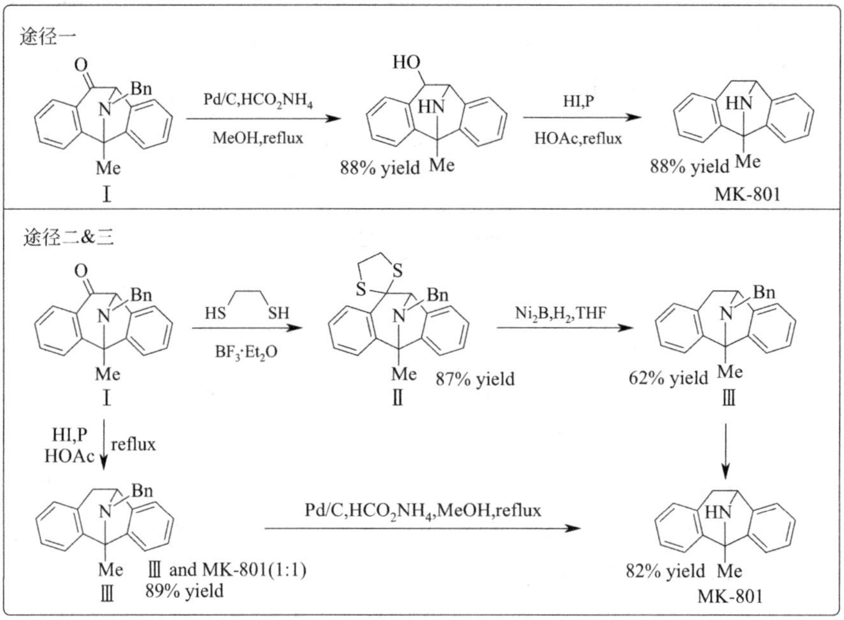

图 4-15　合成 MK-801 的三种途径

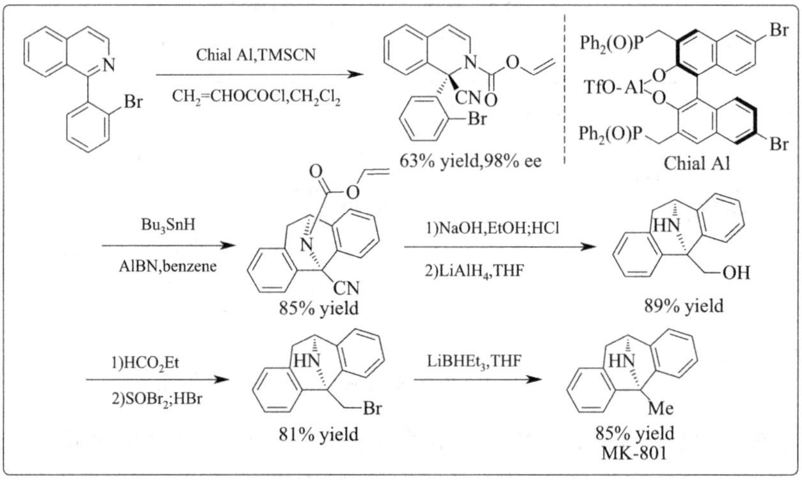

图 4-16　（＋）-MK-801 的不对称合成策略

下，通过氯甲酸乙烯酯活化底物，实现 1-（2-溴苯基）-异喹啉的不对称 Reissert 反应，并以 63％的收率及 98％的 ee 值得到 α-氰基取代四氢异喹啉。随后，在自由基引发剂 AIBN作用下，与三正丁基氢化锡发生反应，得到三正丁基锡自由基，再夺取二氢异喹啉底物中的卤素，形成芳基自由基，通过分子内不对称自由基关环反应，进一步实现桥环骨架结构的构建。该反应可以 85％的收率得到目标产物，并通过底物诱导作用，使得产物具有立体专一性。接着，在碱性条件下脱除酰基活化基团，并采用氢化铝锂还原氰基为羟基。然后采用 Rice 课题组报道的方法，采用甲酸酯保护胺基，通过二溴亚砜将羟基转化为溴，并在氢溴酸作用下，脱除保护基[13]。最后，通过氢化硼锂试剂将溴亚甲基还原为甲基，以 32.8% 的总收率实现 (+)-MK-801 的高对映选择性合成。

4.2.3.2 基于二苯并环庚酮合成 MK-801

基于二苯并环庚酮合成 MK-801 的策略,其底物中包含七元环状骨架结构,合成策略成功的关键在于桥头碳原子的构建。

1988 年,默克 Sharp & Dohme 研究实验室以二苯并环庚烯酮为起始原料,通过多种合成策略实现 MK-801 的全合成(图 4-17)[14]。首先,二苯并环庚烯酮在甲基格氏试剂作用下,通过羰基的亲核加成反应得到三级醇化合物。再通过多种策略,将羟基转化为胺基。如三级醇与羟胺、甲氧胺、肼、苯甲酰肼等反应,实现羟基向胺基的转化。随后,在碱性条件下,烯烃与二级胺通过跨环氢胺化关环反应,实现桥环骨架的构建。对于氮原子上不同的 R 取代基,其氢胺化关环反应的反应活性不同,但均可以取得较好的收率。其中,R 取代基为羟基和胺基时,反应可在 5 分钟内实现。其关环反应活性顺序如下:RN-HOH(3a)≥ RNHNH₂(3c) > RNHOCH(3b) > RNHNHCOPh(3d) >RNH₂。最后,在钯碳催化下脱除氮原子上的保护基,实现 MK-801 的全合成。当 R 取代基为羟基和甲氧基时,容易在钯碳催化下实现脱除,反应可以取得 90% 以上的收率。而 R 取代基为胺基时,则只能以 86% 的收率实现保护基的脱除。总的来说,选择 R 取代基为羟基和甲氧基时,可分别以 54.6% 和 60.8% 的总收率得到 MK-801。

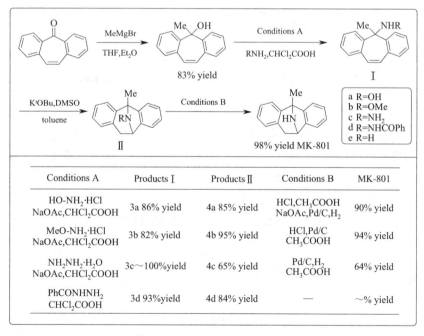

图 4-17 收敛策略合成 MK-801

1999 年,Molander 课题组采用 10,11-二苯并[a,b]环庚烯-5-酮为原料,经五步化学反应,成功实现了 MK-801 外消旋体混合物的合成(图 4-18)[15]。首先,在磷叶立德作用下,二苯并环庚酮发生 Wittig 反应,以 98% 的收率生成环外烯烃产物。经 Wittig 反应所生成的烯烃不会发生异构化。随后,在自由基引发剂 AIBN 作用下,经自由基反应在

135

亚甲基上引入溴原子，再经水解将溴原子转化为羟基。二级醇在偶氮二甲酸二乙酯和三苯基膦作用下，以叠氮磷酸二苯酯为亲核试剂，经 Mitsunobu 翻转，将羟基转化为叠氮基团。叠氮化合物则经氢化铝锂进一步还原为胺基。最后，经大位阻镧系茂金属催化剂 $[Cp_2^{TMS}NdMe]_2$ 催化分子内烯烃的氢胺化反应，实现桥环骨架的构建，以 98% 的收率得到 MK-801。总之，该策略可通过五步化学反应，37.5% 的总收率得到 MK-801。与此同时，环外烯烃中间体可在自由基引发剂 AIBN 作用下，经自由基反应在亚甲基上引入溴原子，再通过亲核取代反应和 $[Cp_2^{TMS}NdMe]_2$ 催化分子内烯烃的氢胺化反应，经三步化学反应及 18.4% 的收率得到 N-甲基-MK-801。

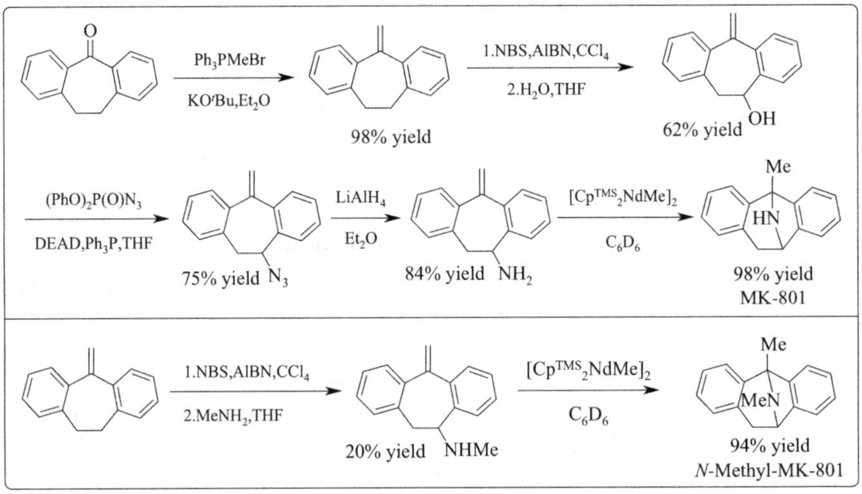

图 4-18　基于二苯并环庚酮合成 MK-801 及其衍生物

2012 年，台湾高雄医学大学 Chang 课题组采用二苯并环庚烯酮为起始原料，经五步化学反应，以 28.4% 的总收率成功实现 MK-801 的化学合成（图 4-19）[16]。从二苯并环庚烯酮出发，经碳碳双键与氯胺-T（Chloramine-T：对甲苯磺酰氯胺钠）反应，以 76% 收率生成氮杂环丙烷。在该反应中，NBS 与碳碳双键发生加成反应，生成不稳定的溴鎓离子，随后氯胺-T 对其进行亲核取代及关环。因此，向反应中加入 NBS 可以促进烯烃的氮杂环丙烷化反应。氮杂环丙烷中间体在钯碳催化作用下，发生开环反应。羰基在甲基格氏试剂作用下，经亲核加成反应还原

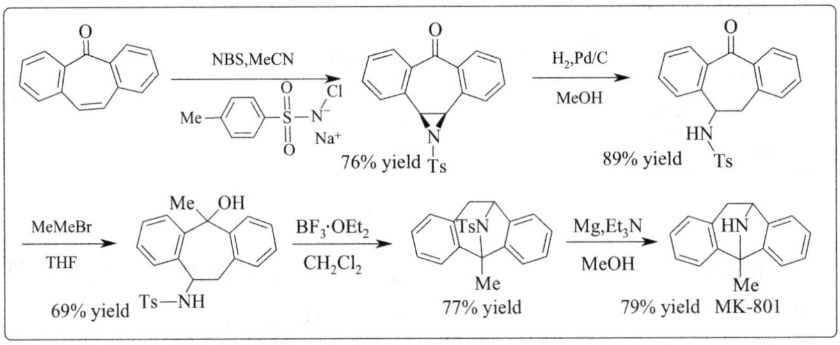

图 4-19　基于二苯并环庚烯酮合成 MK-801

为醇。接着，在三氟化硼催化下，发生分子内亲核取代反应，以 77％收率成功构建桥环骨架结构。最后，在还原剂镁作用下，脱除对甲苯磺酰基保护基，得到 MK-801。

4.2.3.3 基于多组分 Barbier 类型反应合成 MK-801

2018 年，Alami 课题组同样报道了 MK-801 及其衍生物的化学合成。根据 MK-801 的化学结构特征，作者对其进行了逆合成分析（图 4-20）[17]。首先，可从桥头季碳与氮原子连接处进行断裂，则 MK-801 的氮桥环骨架可以通过环外烯烃的分子内氢胺化反应得到。而七元环状骨架的构建可通过分子内烯烃和芳基卤化物的选择性 α-Heck 反应关环实现。最后，可通过 2-烯基苯甲醛、苄胺和 2-溴苄基溴的三组分 Barbier 类型反应得到相应中间体。

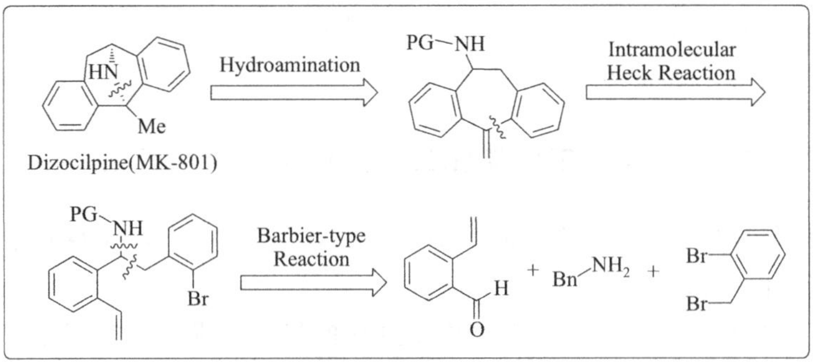

图 4-20　MK 801 的逆合成分析

通过对 MK-801 结构的解析及逆合成分析，Alami 课题组对 MK-801 的全合成进行了探索（图 4-21）。首先，采用锌粉作为还原剂，实现了 2-烯基苯甲醛、苄胺和 2-溴苄基溴的三组分 Barbier 类型反应，其收率为 49％。随后，采用 Boc$_2$O 对二级胺进行保护，通过过渡金属钯催化烯烃的分子内 Heck 反应关环，以 90％收率实现七元环状骨架的构建。接着，在酸性条件下脱除 Boc 保护基。最后，经四氯化钛催化的分子内氢胺化反应，实现桥

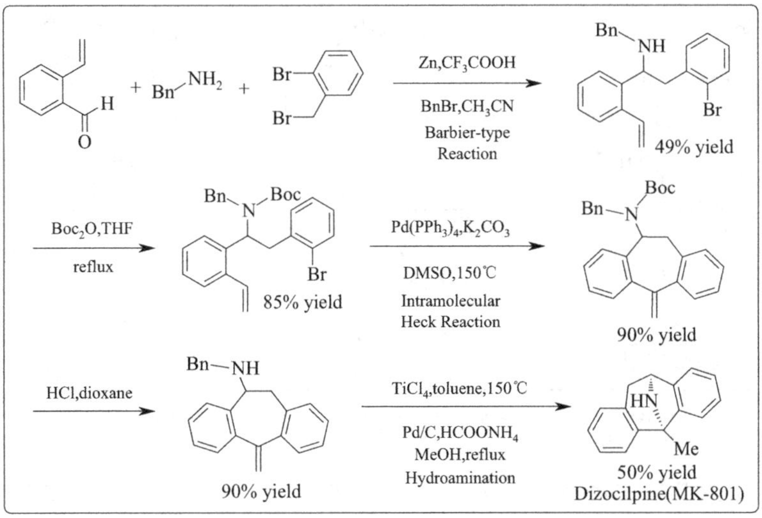

图 4-21　基于多组分 Barbier 类型反应合成 MK-801

环骨架的构建，并在钯碳催化下脱除苄基保护基。最终，历经五步化学反应，以 16.8% 的总收率得到 MK-801 外消旋体混合物。该策略成功的关键在于多组分 Barbier 类型反应的实现。此外，作者通过该策略成功地实现了 MK-801 衍生物的化学合成。

4.3　四氢异喹啉骨架天然产物及其化学合成

植物体内富含各种丰富的四氢异喹啉类生物碱及其衍生物，主要包括 1-芳基取代、1-苄基取代、多取代四氢异喹啉生物碱。这些四氢异喹啉类生物碱富含丰富的生物活性，因此被广泛用于研究。植物体内四氢异喹啉生物碱可通过化学提取纯化的方法来获得。但从植物体内获取四氢异喹啉的生物碱，其含量少、类型多、提纯难度大。因此，若能通过化学合成的方法来获得，则可以很好地解决这一问题。

4.3.1　光学活性 α-氨基腈中间体化合物的化学合成及应用

光学活性四氢异喹啉骨架 α-氨基腈化合物，是以 1-氰基-N-烷基四氢异喹啉为基本骨架，包含两个手性中心，且构型相反的异喹啉生物碱，其化学结构如图 4-22 所示。四氢异喹啉骨架 α-氨基腈化合物的化学合成是通过在四氢异喹啉的氮原子上引入手性辅基，经底物诱导，控制 C-1 位取代基的立体选择性；而手性辅基可经钯碳催化经还原反应进行脱除。由于 C-1 位氰基取代基的引入，四氢异喹啉骨架 α-氨基腈化合物的 C-1 位质子具有一定酸性，可在强碱作用下拔除，随后通过亲电取代反应而引入新的取代基，从而实现四氢异喹啉生物碱的不对称合成。

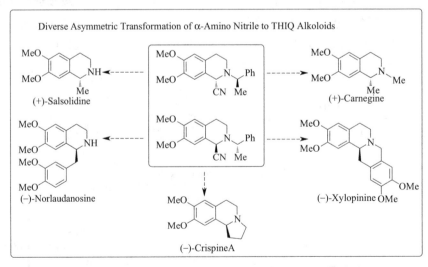

图 4-22　α-氨基腈不对称转化合成四氢异喹啉生物碱

光学活性 α-氨基腈化合物是合成 C-1 位烷基取代四氢异喹啉骨架天然生物碱的重要有机合成砌块。它是合成（＋）-Salsolidine、（＋）-Carnegine、（－）-Norlaudanosine、（－）-Xylo-pinine、（－）-Crispine A 等天然产物及其对映体的重要中间体。因此，发展一种操作简单、价格低廉且原子经济性的策略，实现光学纯四氢异喹啉骨架 α-氨基腈化合物具有重要意义。

光学纯四氢异喹啉骨架 α-氨基腈化合物是合成四氢异喹啉骨架生物碱的重要有机合成中间体。Hurvois 课题组通过采用商业可得的(S)-1-苯基乙胺为原料，成功实现了光学纯四氢异喹啉骨架 α-氨基腈化合物的合成（图 4-23）[18]。它是采用(S)-1-苯基乙胺为原料，与经二氯亚砜活化的 2-(3,4-二甲氧基苯基)乙酸，通过酰化反应，在底物中引入手性辅基，最终实现以 85％收率合成手性酰胺中间体。随后，在路易斯酸催化下，酰胺经硼烷还原为胺。手性胺经 Pictet-Spengler 环化反应，完成四氢异喹啉骨架的构建，以93％收率合成(S)-N-烷基四氢异喹啉。上述反应，均不涉及到手性中心的构建，产物对映选择性保持。接着，采用课题组发展的电化学策略，通过底物诱导，在 C-1 位引入氰基，成功地实现了四氢异喹啉骨架 α-氨基腈化合物的手性合成。该反应以铂碳为电极，高氯酸锂的甲醇溶液为电解质，氰化钠为亲核试剂，通过自由基反应，以 88％的收率及大于 98∶2 的非对映选择性实现目标产物合成。

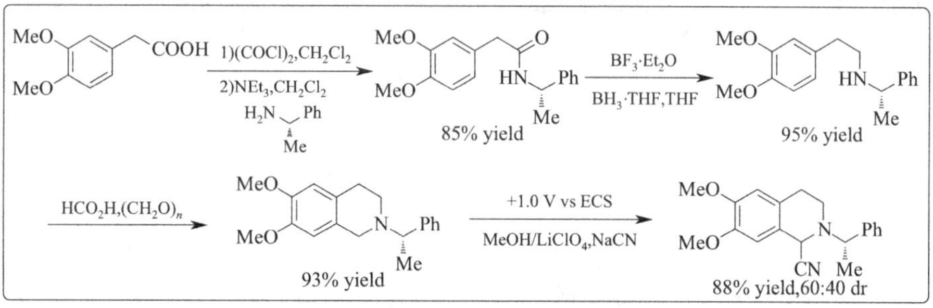

图 4-23　手性辅基诱导策略合成 α-氨基腈化合物

Hurvois 课题组分别于 2011 年和 2016 年，从光学纯四氢异喹啉骨架 α-氨基腈化合物出发，经多步化学转化，可实现(＋)-Crispine A、(＋)-Salsolidine、(＋)-Carnegine、(—)-Norlaudanosine、(—)-Xylopinine 等天然产物及其对映体的手性合成[19]。

2002 年，北京大学赵玉英教授课题组首次从菊科飞廉属药用植物丝毛飞廉（*Carduus crispus*）中分离得到吡咯稠合异喹啉生物碱(＋)-Crispine A[20]。研究显示，(＋)-Crispine A 具有明显的抗肿瘤活性。近年来，多个课题组通过发展有效策略实现了(＋)-Crispine A 及其对映异构体的不对称合成。

Hurvois 课题组从异喹啉骨架手性 α-氨基腈出发，发展了两种不同的策略，实现了(＋)-Crispine A 及其对映异构体的合成（图 4-24）。其一，首先从 α-氨基腈化合物出发，在二异丙基氨基锂作用下拔除 C-1 位质子，与叔丁基保护的 1-碘-3-丙醇发生亲电取代反应，得到不稳定的 1,1-二取代四氢异喹啉中间体。随后，硼氢化钠作用下，通过氰基的还原消除反应，经亚胺盐中间体的立体选择性加氢反应，以 80％的收率合成叔丁基保护底物，且 C-1 位取代基与甲基仍处于反式构型。接着，在酸性条件下，脱除醇羟基保护基，并在钯碳催化下经还原反应脱除手性辅基。最后，经分子内亲核取代反应，通过环化反应，以 81％的收率和 80％的 ee 值得到(—)-Crispine A。为了获得对映体纯(—)-Crispine A 生物碱，可将其进一步经经典化学拆分得到。同样通过该策略，可同时获得（＋）-Crispine A 的手性合成。

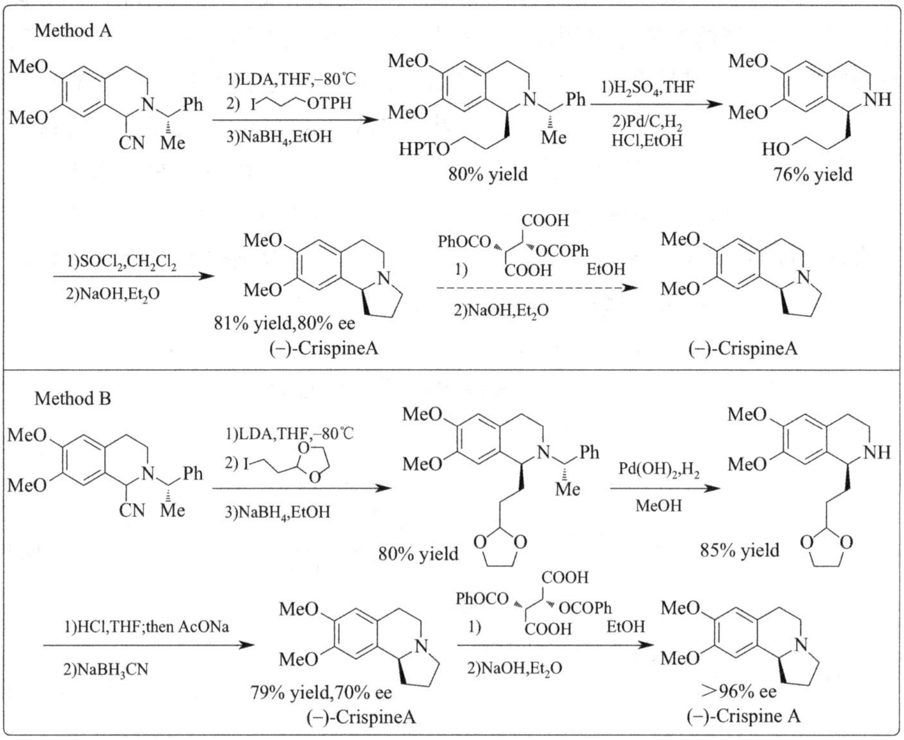

图 4-24　α-氨基腈不对称转化合成（—）-Crispine A

　　第二种策略是采用乙二醇保护的 3-碘-丙醛为原料，通过亲电取代/还原消除/氢氧化钯催化脱苄三步反应，同样实现了 C-1 位烷基底物的对映选择性合成。随后经布朗斯特酸作用，脱除缩醛保护基，原位生成亚胺盐中间体。最后经硼氢化钠还原，以 70％的 ee 值得到（—）-Crispine A。

　　不仅如此，该策略同样可以用于（＋）-Salsolidine、（＋）-Carnegine 等天然产物的合成（图 4-25）。若将反应中的亲电试剂变为碘甲烷，则可通过两步反应实现（＋）-Salsolidine 的对映选择性合成，并经化学拆分以 98％的 ee 值实现（＋）-Salsolidine 的手性合成。而

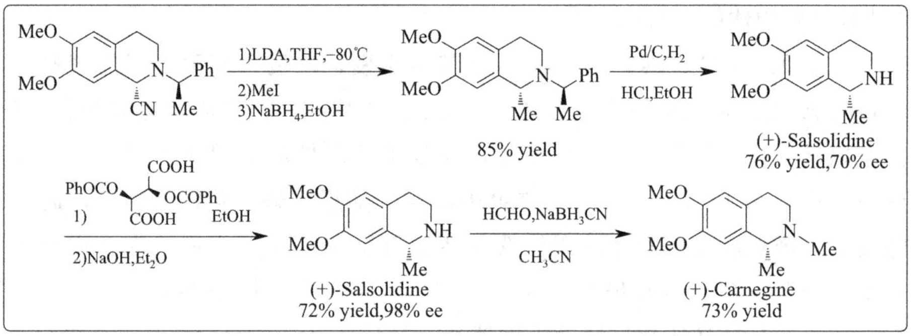

图 4-25　基于 α-氨基腈合成天然产物（＋）-Salsolidine、（＋）-Carnegine

（＋）-Salsolidine 通过还原胺化反应，可以进一步转化为（＋）-Carnegine。

此外，该策略用于（—）-Norlaudanosine 的对映选择性合成时，经化学拆分，可以 98％的对映选择性实现（—）-Norlaudanosine 的手性合成（图 4-26）。而（—）-Norlaudanosine 则在酸性条件下，通过傅克反应，进一步转化为（—）-Xylopinine。

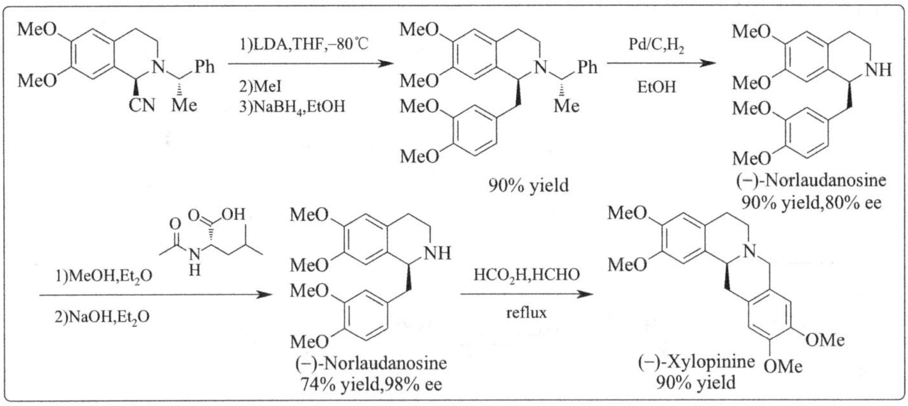

图 4-26　基于 α-氨基腈合成天然产物（—）-Norlaudanosine、（—）-Xylopinine

通过光学纯四氢异喹啉骨架 α-氨基腈中间体合成手性 C-1 烷基取代四氢异喹啉生物碱具有广泛的普适性。在有机合成中，可以通过改变反应中的亲电试剂，实现不同取代四氢异喹啉生物碱的手性合成，因此，该策略具有重要的研究意义和研究价值。

4.3.2　Cryptostyline 类生物碱的化学合成

Cryptostyline Ⅰ，Ⅱ，Ⅲ 生物碱是从中隐柱兰属（*Cryptostylis fulva*）中提取得到的三种 C-1 位芳基取代四氢异喹啉骨架化合物（图 4-27）。它们作为药理学探针被广泛应用于神经系统中肽的病理生理作用的研究。通过不对称合成策略合成 Cryptostyline 系列生物碱的方法，已在第二章介绍作相关方法学研究报道。在这里，我们将对 Asao 课题组、徐明华课题组报道的两种策略作相关介绍。

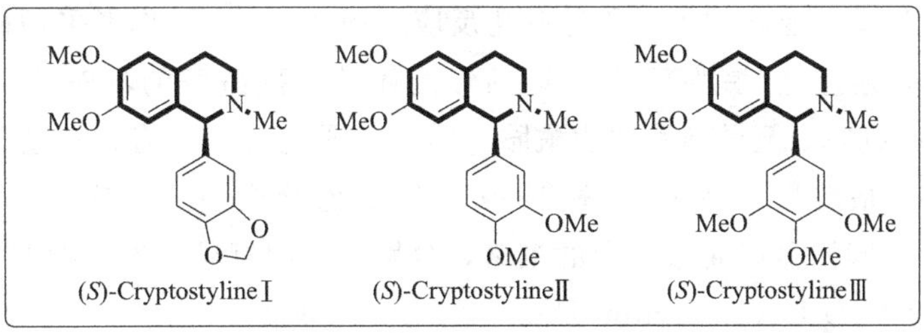

图 4-27　Cryptostyline 类生物碱

2008 年，Asao 课题组通过底物诱导策略，经双环化过程构建手性四氢异喹啉骨架，并将其成功地应用于（S）-（＋）-Cryptostyline Ⅱ 的对映选择性合成（图 4-28）[21]。底物诱导手性的立体选择性控制，是双环化反应过程实现的关键。作者从商业可得的手性 α-胺基醇出发，通过与邻烯基苯甲醛原位缩合生成席夫碱；随后通过氮杂 6π-电环化反应关环，并在底物诱导作用下经芳构化及分子内不对称亲核加成反应，最终通过双环化的串联反应实现双环稠合手性四氢异喹啉的对映选择性合成。

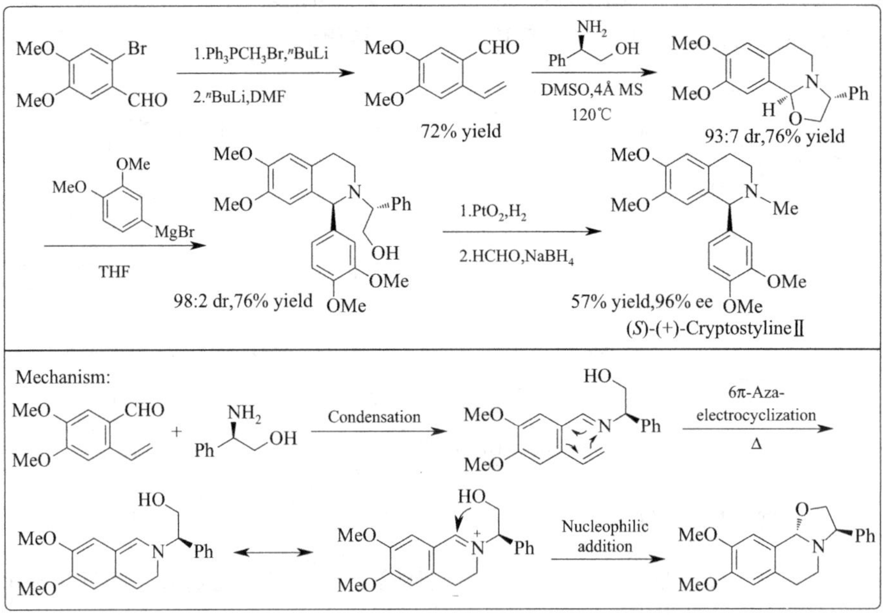

图 4-28　底物诱导策略合成（＋）-Cryptostyline Ⅱ

　　基于该方法学的研究，作者从 2-溴-3,4-二甲氧基苯甲醛出发，通过与磷叶立德反应，将醛基转化为烯烃，随后在正丁基锂作用下，拔除溴原子，与 N,N-二甲基甲酰胺反应在底物结构中引入醛基。再通过该课题组发展的双环化的串联反应，生成四氢异喹啉骨架化合物。随后，经与格氏试剂反应，五元环发生开环反应，并在底物中手性基团的诱导作用下，从位阻较小一侧进攻，以 98∶2 的非对映选择性得到非对映体。最后，在二氧化铂和氢气作用下脱除手性辅基，并通过还原胺化将二级胺转化为三级胺，最终实现（S）-（＋）-Cryptostyline Ⅱ 的高对映选择性合成。

　　2017 年，徐明华课题组通过对手性亚磺酰胺-烯烃配体结构进行改进，成功实现了过渡金属铑催化链状磺酰亚胺的不对称芳基化反应（图 4-29）[9]。作者采用硅醚保护的链状磺酰亚胺为原料，通过铑/手性亚磺酰胺-烯烃配体催化磺酰胺的不对称芳基化反应，以 96％ 的收率和 99％ 的 ee 值得到手性磺酰胺。随后，通过采用与前面所述索非那新的合成的类似操作步骤，最终以 88％ 的收率和 99％ 的 ee 值合成四氢异喹啉生物碱（S）-（＋）-Cryptostyline Ⅱ。同样可以通过相同的策略，分别合成四氢异喹啉生物碱（S）-（＋）-Cryptostyline Ⅰ 和（S）-（＋）-Cryptostyline Ⅲ。

4.3.3　其他四氢异喹啉生物碱的化学合成

　　手性四氢异喹啉生物碱广泛存在于自然界，其化学结构具有多样性。无论是在自然界还是化学合成中，不对称 Pictet-Spengler 环化反应是仍是构建 C-1 位烷基四氢异喹啉骨架的主要策略之一。

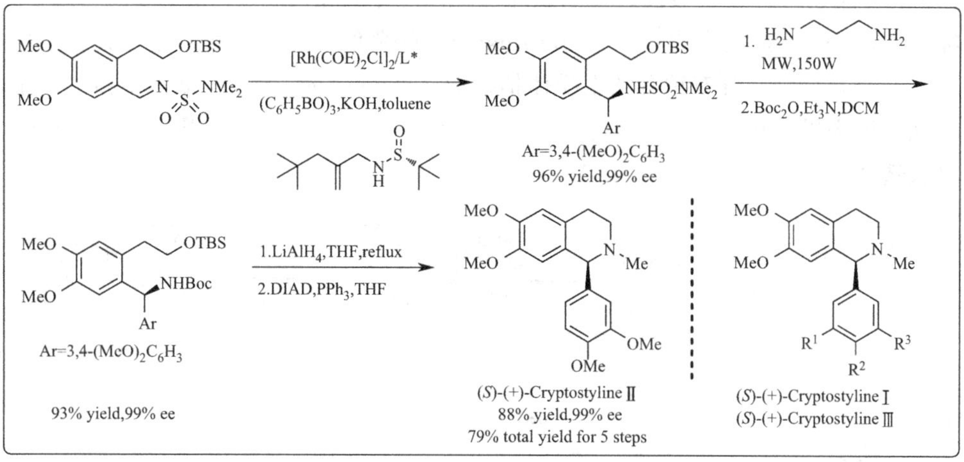

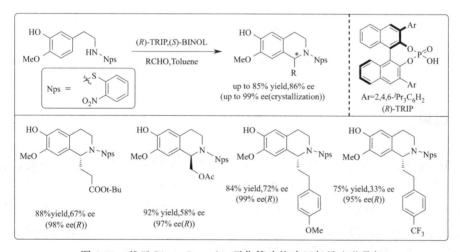

图 4-29　不对称硼酸酯加成策略合成（＋）-Cryptostyline Ⅱ

Hiemstra 课题组基于手性膦酸催化的不对称 Pictet-Spengler 环化反应，实现了一系列 1-取代四氢异喹啉化合物的对映选择性合成（图 4-30）[22]。该策略要求 2-芳基乙胺的氮原子上连有强吸电子基团，从而使得环化反应能够顺利进行。此外，该策略对于芳香醛和脂肪醛底物均能取得中等的对映选择性，产物经重结晶后可取得最高 99% 的 ee 值。

图 4-30　基于 Pictet-Spengler 环化策略构建四氢异喹啉骨架

基于手性膦酸催化的不对称 Pictet-Spengler 环化反应，Hiemstra 课题组将其用于 C-1 位烷基取代四氢异喹啉骨架化合物(R)-crispine A、(R)-calycotomine、(R)-colchietine 利 (R)-almorexant 等天然产物及药物前体的对映选择性合成（图 4-31）。这些天然产物均具有四氢异喹啉骨架，且 C-1 位为烷基取代基。基于上述策略，首先进行了这些天然产物前体的手性合成。从长链叔丁酯基取代四氢异喹啉化合物出发，经乙酰氯作用脱除巯基保护基，并在高温条件下经分子内环化形成内酰胺；最后经甲基化及四氢铝锂还原内酰胺为胺，以 52% 的总收率及 98% 的 ee 值实现(R)-crispine A 的高对映选择性合成；或从相应手性前体出发，经甲基化及保护基脱除，通过三步反应，以 87% 的总收率合成手性(R)-

calycotomine 生物碱；或在酸性条件下脱除保护及还原胺化两步反应，以 84% 的收率实现对映纯(R)-colchietine 的合成；(R)-almorexant（阿莫伦特）是一种异喹啉骨架手性二胺化合物，其盐酸盐是一种双重食欲素受体拮抗剂，即 OX1 和 OX2 食欲素受体的竞争性受体拮抗剂。可经甲基化及巯基保护脱除基两步反应，以 82% 收率实现(R)-almorexant 前体的对映选择性合成。

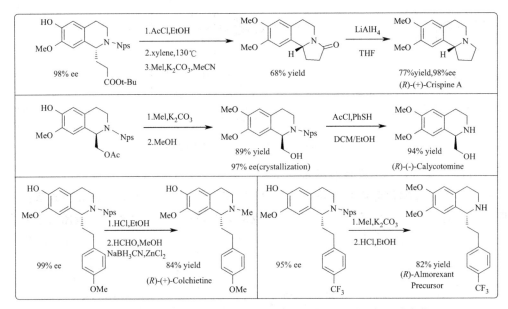

图 4-31　基于 Pictet-Spengler 环化策略合成四氢异喹啉骨架天然产物

4.4　展望

物质的性质，包括物质的物理性质、化学性质、生物活性等，取决于物质的化学结构。结构的微小变化都可能会对其生物活性产生显著影响。手性四氢异喹啉化合物，其化学结构具有多样性，通过改变其骨架结构中官能团，就可以获得具有不同结构、不同生物活性的四氢异喹啉化合物。进一步丰富四氢异喹啉化合物数据库，对于探索和研究其潜在的生物活性及在药物化学、临床医学领域的应用，具有重要的研究价值和现实指导意义。

参考文献

[1] Naito, R.; Yonetoku, Y.; Okamoto, Y.; Toyoshima, A.; Ikeda, K.; Takeuchi, M. Synthesis and Antimuscarinic Properties of Quinuclidin-3-yl 1, 2, 3, 4-Tetrahydroisoquinoline-2-carboxylate Derivatives as Novel Muscarinic Receptor Antagonists. *J. Med. Chem.* **2005**, *48*: 6597-6606.

[2] Langlois, M.; Meyer, C.; Soulier, J. L. Synthesis of (R) and (S)-3-Aminoquinuclidine from 3-Quinuclidinone and (S) and (R)-1-Phenethylamine. *Synth. Commun.* **1992**, *22*: 1895-1911.

[3] Nomoto, F.; Hirayama, Y.; Ikunaka, M.; Inoue, T.; Otsuka, K. A practical chemoenzymatic process to access (R)-quinuclidin-3-ol on scale. *Tetrahedron: Asymmetry.* **2003**, *14*: 1871-1877.

[4]　Tsutsumi, K.; Katayama, T.; Utsumi, N.; Murata, K.; Arai, N.; Kurono, N.; Ohkuma, T. Practical Asymmetric Hydrogenation of 3-Quinuclidinone Catalyzed by the XylSkewphos/PICA-Ruthenium（Ⅱ）Complex. *Org. Process Res. Dev.* **2009，** *13*：625-628.

[5]　Trinadhachari, G. N.; Kamat, A. G.; Balaji, B. V.; Prabahar, K. J.; Naidu, K. M.; Babu, K. R.; Sanasi, P. D. An Improved Process for the Preparation of Highly Pure Solifenacin Succinate via Resolution through Diastereomeric Crystallisation. *Org. Process Res. Dev.* **2014，** *18*：934-940.

[6]　Wang, S.; Onaran, M. B.; Seto, C. T. Enantioselective Synthesis of 1-Aryltetrahydroisoquinolines. *Org. Lett.* **2010，** *12*：2690-2693.

[7]　Niphade, N. C.; Jagtap, K. M.; Mali, A. C.; Solanki, P. V.; Jachak, M. N.; Mathad, V. T. Efficient and single pot process for the preparation of enantiomerically pure solifenacin succinate, an antimuscarinic agent. *Monatsh Chem.* **2011，** *142*：1181-1186.

[8]　Ye, Z.-S.; Guo, R.-N.; Cai, X.-F.; Chen, M.-W.; Shi, L.; Zhou, Y.-G. Enantio- selective Iridi- um-Catalyzed Hydrogenation of 1- and 3-Substituted Isoquinolinium Salts. *Angew. Chem. Int. Ed.* **2013，** *52*：3685-3689.

[9]　Jiang, T.; Chen, W.-W.; Xu, M.-H. Highly Enantioselective Arylation of N, N-Dimethylsulfamoyl- Pro- tected Aldimines Using Simple Sulfur-Olefin Ligands: Access to Solifenacin and（S）-（+）-Cryptostyline Ⅱ. *Org. Lett.* **2017，** *19*：2138-2141.

[10]　Reddy, K. H. V.; Yen-Pon, E.; Cohen-Kaminsky, S.; Messaoudi, S.; Alami, M. Convergent Strategy to Dizocilpine MK-801 and Derivatives. *J. Org. Chem.* **2018，** *83*，4264-4269.

[11]　Constable, K. P.; Blough, B. E.; Ivy Carroll, F. Benzyne addition to N-alkyl-4-hydroxy-1-methylisoquin- oliniuma; lts a new and convenient synthesis of（+）-5-methyl-l0, 11-dihydro-5H-dibenzo- [*a, d*] cyclo- hepten-5, 10-Ⅰmine（MK801）. *Chem. Commun.* **1996：**717-718.

[12]　Funabashi, K.; Ratni, H.; Kanai, M.; Shibasaki, M. Enantioselective Construction of Quaternary Ste- reocenter through a Reissert-Type Reaction Catalyzed by an Electronically Tuned Bifunctional Catalyst: Efficient Synthesis of Various Biologically Significant Compounds. *J. Am. Chem. Soc.* **2001，** *123*：10784-10785.

[13]　Monn, J. A.; Thurkauf, A.; Mattson, M. V.; Jacobson, A. E.; Rice, K. C. Synthesis and struc- ture-activity relationship of C5-substituted analogs of（+/-）-10, 11-dihydro- 5H-dibenzo [a, d] cyclohepten- 5, 10-Ⅰmine [（+/-）-desmethyl-MK801]: ligands for the NMDA receptor-coupled phencyclidine binding site. *J. Med. Chem.* **1990，** *33*：1069-1076.

[14]　Lamanec, T. R.; Bender, D. R.; DeMarco, A. M.; Karady, S.; Reamer, R. A.; Weinstock, L. M. α-Effect Nucleophiles: a Novel and Convenient Method for the Synthesis of Dibenzo [*a, d*] cyclohepten- imines. *J. Org. Chem.* **1988，** *53*：1768-1774.

[15]　Molander, G. A.; Dowdy, E. D. Lanthanide-Catalyzed Hydroamination of Hindered Alkenes in Synthesis: Rapid Access to 10, 11-Dihydro-5H-dibenzo- [*a, d*] cyclohepten-5, 10-Ⅰmines. *J. Org. Chem.* **1999，** *64*：6515-6517.

[16]　Chang, M. Y.; Huang, Y. P. Lee, T. W.; Chen, Y. L. Synthesis of dizocilpine. *Tetrahedron* **2012，** *68*：3283-3287.

[17]　Reddy, K. H. V.; Yen-Pon, E.; Cohen-Kaminsky, S.; Messaoudi, S.; Alami, M. Convergent Strategy to Dizocilpine MK-801 and Derivatives. *J. Org. Chem.* **2018，** *83*：4264-4269.

[18]　Louafi, F.; Moreau, J.; Shahane, S.; Golhen, S.; Roisnel, T.; Sinbandhit, S.; Hurvois, J.- P. Electrochemical Synthesis and Chemistry of Chiral 1-Cyanotetrahydroisoquinolines. An Approach to the Asymmetric Syntheses of the Alkaloid（−）-Crispine A and Its Natural（+）-Antipode. *J. Org. Chem.* **2011，** *76*：9720-9732.

[19]　Benmekhbi, L.; Louafi, F.; Roisnel, T.; Hurvois, J. P. *J. Org. Chem.* **2016，** *18*，6721-6739.

[20] Zhang, Q.; Tu, G.; Zhao, Y.; Cheng, T. Novel bioactive isoquinoline alkaloids from Carduus crispus. *Tetrahedron* **2002**, *58*: 6795-6798.

[21] Umetsu, K.; Asao, N. An efficient method for construction of tetrahydroisoquinoline skeleton via double cyclization process using ortho-vinylbenzaldehydes andamino alcohols: application to the synthesis of (S) -cryptostyline I. *Tetrahedron Lett.* **2008**, *49*: 2722-2725.

[22] Mons, E.; Wanner, M. J.; Ingemann, S.; van Maarseveen, J. H.; Hiemstra, H. Organocatalytic Enantioselective Pictet – Spengler Reactions for the Syntheses of 1-Substituted 1,2,3,4-Tetrahydroisoquinolines. *J. Org. Chem.* **2014**, *79*: 7380-7390.

本章英文缩写对照表

英文缩写	英文名称	中文名称
AIBN	azodiisobutyronitrile	偶氮二异丁腈
CSA	(＋)-Camphor-10-sulfonic acid	右旋樟脑磺酸
Chloramine-T	*p*-toluenesulfonyl chloramine sodium salt	氯胺-T（对甲苯磺酰氯胺钠）
(＋)-MK-801	dizocilpine	(5*R*,10S)-(＋)-5-甲基-10,11-二氢-5*H*-二苯并[*a*,*d*]环庚烯-5,10-亚胺氢化马来酸盐
M-受体	muscarinic receptor	毒蕈碱受体
OAB	overactive bladder	膀胱过度活动症

附录 I 常见的手性双膦配体

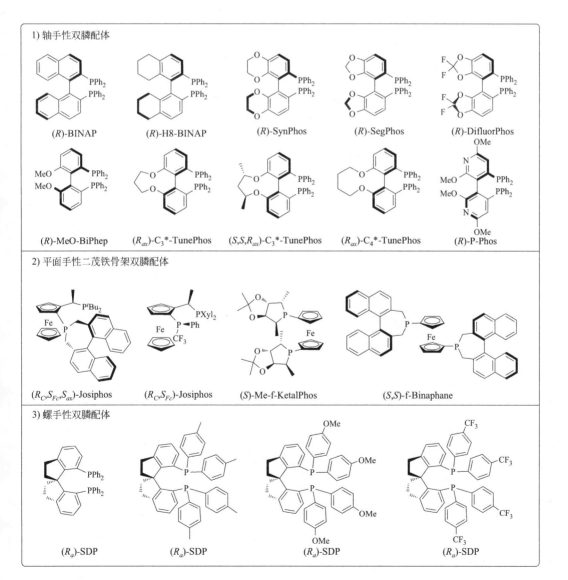

1) 轴手性双膦配体

(R)-BINAP   (R)-H8-BINAP   (R)-SynPhos   (R)-SegPhos   (R)-DifluorPhos

(R)-MeO-BiPhep   (R_{ax})-C_3*-TunePhos   (S,S,R_{ax})-C_3*-TunePhos   (R_{ax})-C_4*-TunePhos   (R)-P-Phos

2) 平面手性二茂铁骨架双膦配体

(R_C,S_{Fc},S_{ax})-Josiphos   (R_C,S_{Fc})-Josiphos   (S)-Me-f-KetalPhos   (S,S)-f-Binaphane

3) 螺手性双膦配体

(R_a)-SDP   (R_a)-SDP   (R_a)-SDP   (R_a)-SDP

附录 II 常见的手性氮膦配体

(S)-QUINAP   (R,R)-N-pinap   (R)-L   (R_a,S,S)-SpiroBOX

附录Ⅲ 常见的手性亚膦酰胺配体

(S_a,R,R)-L　　　　(S_a)-L　　　　(S_a)-L　　　　(R_a,S,S)-L

149

附录Ⅳ 常见的手性膦酸催化剂

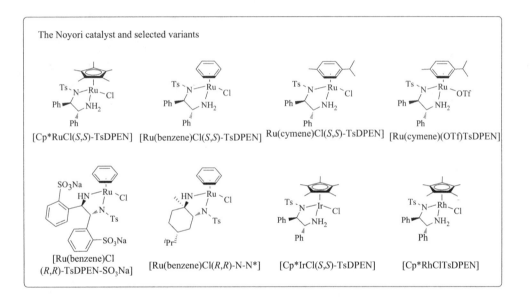

The Noyori catalyst and selected variants

[Cp*RuCl(*S,S*)-TsDPEN] [Ru(benzene)Cl(*S,S*)-TsDPEN] Ru(cymene)Cl(*S,S*)-TsDPEN] [Ru(cymene)(OTf)TsDPEN]

[Ru(benzene)Cl(*R,R*)-TsDPEN-SO₃Na] [Ru(benzene)Cl(*R,R*)-N-N*] [Cp*IrCl(*S,S*)-TsDPEN] [Cp*RhClTsDPEN]

其他手性催化剂

Phase transfer catalyst   *N*-Heterocyclic Carbenes   Amine   Squaric amide